公差配合与技术测量

主 编　张　静　张　朋　方春慧
副主编　李　强　王德兰　姜爱梅　孙利民
参 编　于善强　潘翠云
主 审　侯玉叶

U0268561

北京理工大学出版社
BEIJING INSTITUTE OF TECHNOLOGY PRESS

内 容 简 介

本书系统地介绍了公差配合与技术测量方面的基础知识,全书共分 6 个项目,并以情境任务的形式进行讲解,通俗易懂,实用性强,主要内容包括:绪论、公差与配合、测量技术基础与光滑尺寸检测、几何公差及检测、表面粗糙度的检测、常用结构件的公差配合与检测。

本书采用最新国家标准,侧重于基本概念的讲解与常用测量方法和测量工具的运用,内容简明扼要、通俗易懂。在编排上,本书注重理论与实践相结合,采用项目化教学模式,通过实际情境引出学习内容,每个项目分为若干任务,每个任务由任务描述与要求、任务知识准备、任务实施组成,正文中还设置了小提示、知识链接等特色模块,意在提高学生的学习兴趣。

本书可作为高等院校机械类和近机类各专业的教学用书,也可作为从事机械设计与制造、标准化、计量测试等工程技术人员的参考用书。

图书在版编目（CIP）数据

公差配合与技术测量 / 张静,张朋,方春慧主编. —北京:北京理工大学出版社,2020.8
ISBN 978-7-5682-8717-3

Ⅰ. ①公… Ⅱ. ①张…②张…③方… Ⅲ. ①公差–配合–高等学校–教材②技术测量–高等学校–教材 Ⅳ. ①TG801

中国版本图书馆 CIP 数据核字（2020）第 126281 号

出版发行 / 北京理工大学出版社有限责任公司
社　　址 / 北京市海淀区中关村南大街 5 号
邮　　编 / 100081
电　　话 / (010) 68914775 (总编室)
　　　　　 (010) 82562903 (教材售后服务热线)
　　　　　 (010) 68948351 (其他图书服务热线)
网　　址 / http://www.bitpress.com.cn
经　　销 / 全国各地新华书店
印　　刷 / 唐山富达印务有限公司
开　　本 / 787 毫米×1092 毫米　1/16
印　　张 / 12.5　　　　　　　　　　　　　　　　　责任编辑 / 多海鹏
字　　数 / 294 千字　　　　　　　　　　　　　　　文案编辑 / 多海鹏
版　　次 / 2020 年 8 月第 1 版　2020 年 8 月第 1 次印刷　责任校对 / 周瑞红
定　　价 / 59.00 元　　　　　　　　　　　　　　　责任印制 / 李志强

前　言

"公差配合与技术测量"是机械类专业一门主要的专业基础课，是从基础课程学习过渡到专业课程学习的纽带，它使机械制图标注更加细化、更加系统、更加规范，是学好后续专业课程的基础。

本书是在专业建设和课程项目化教学改革的基础上编写而成的，以培养实用型、技能型技术人才为出发点，瞄准高等院校毕业生的职业需要，着重培养高素质型人才。本书执行最新国家标准，结合"互换性与技术测量"课程的项目化教学改革实践，组织内容按项目化编排，采用项目驱动的方式，突出实际应用，按提出问题、分析问题、解决问题的思路进行编写，使学生学习更具有针对性。教材理论教学以够用为度，实践教学以操作性、针对性为要领，可操作性强，方便教、学、做一体化和项目化教学的实施，符合高等教育规律和高端人才的成长规律。

本书由烟台汽车工程职业学院张静、方春慧，枣庄科技职业学院张朋任主编，烟台汽车工程职业学院李强、王德兰、孙利民，潍坊工商职业学院姜爱梅任副主编，烟台汽车工程职业学院于善强、潘翠云任参编。项目一由王德兰编写，项目二、项目六由方春慧编写，项目三由李强编写，项目四由张静编写，项目五由张朋编写，姜爱梅参与资料收集及整理工作。全书由张静主编并负责统稿和定稿，山东理工职业学院侯玉叶审稿。

本书在编写过程中参考了有关文献，在此对文献作者表示衷心感谢！

由于编者水平有限，加之时间仓促，书中错误和不妥之处在所难免，恳请读者批评指正，以尽早修订完善。

编　者

目　　录

— 1 —

项目一　绪　论

学习目标和要求

（1）掌握互换性的概念、分类及其在设计、制造、使用和维修等方面的重要作用。

（2）了解互换性和检测的关系，理解检测的重要性。

（3）理解标准和标准化的概念。

（4）了解优先数和优先数系。

本章是本课程最基础的部分，只有掌握了互换性的含义和检测的重要性，才能够进行进一步的学习。

任务一　互换性概述

任务描述与要求

图 1-1 所示为齿轮减速器的结构示意图，它是一种常见的机械传动装置。试对该齿轮减速器如何实现互换性原则进行概括阐述。

任务分析

由图 1-1 可知，齿轮减速器的工作原理是由电动机或其他原动机（经联轴器等）驱动输入轴 2，输入轴上的小齿轮与大齿轮 11 啮合，大齿轮经键 12 带动输出轴 9 转动，输出轴可降速增矩驱动其他机械工作。

该齿轮减速器由 20 多种零部件装配而成，其中标准零部件有轴承、键、销、螺栓、密封圈和垫片等，非标准件有箱座、箱盖、输入轴、输出轴、端盖和套筒等。在这些零部件中，轴承由专业化的轴承厂制造，键、销、螺栓、密封圈、垫片等由专业化的标准件厂生产，非标准件一般由各机器制造厂加工。

最后要求将每个合格的零部件在装配车间或装配生产线上，无须选择、修配即可装配成满足预定使用功能的减速器。在减速器使用一定周期后会出现零部件（如轴承、密封圈、齿轮等）损坏的现象，要求迅速更换修复且满足使用功能，即遵循互换性原则。

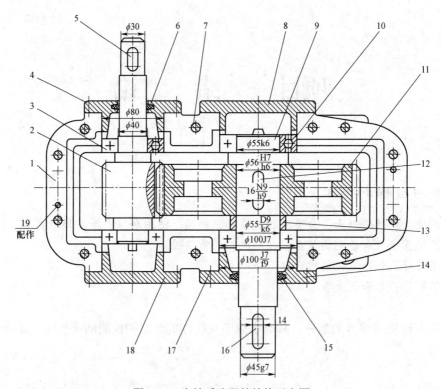

图 1-1　齿轮减速器的结构示意图

1—箱体；2—输入轴；3，10—轴承；4，8，14，18—端盖；5，12，16—键；6，15—密封圈；
7—螺栓；9—输出轴；11—大齿轮；13—套筒；17—垫片；19—定位销

 任务知识准备

一、互换性的含义

互换性在日常生活中随处可见，例如，灯泡坏了换个新的，手机、电脑的零件坏了也可以换新的，这是因为合格的产品和零部件都具有在材料性能、几何尺寸、使用功能上彼此互相替换的性能，即具有互换性。广义上说，互换性是指某一产品、过程或服务能用来代替另一产品、过程或服务并满足同样要求的能力。

在制造业生产中，经常要求产品的零部件具有互换性。产品或者机器由许多零部件组成，而这些零部件是由不同的工厂和车间制成的，"在同一规格的一批零部件中任取一件，不需要经过任何选择、修配或调整，就能装配在机器上，并且满足使用要求"的特性就是零部件的互换性。广义上讲，互换性包括几何参数（如尺寸、形状、相对位置、表面质量）、力学性能（如强度、硬度、塑性、韧性）、理化性能（如磁性、化学成分）的互换，本书只讨论几何参数的互换性。

互换性

二、互换性的分类

（1）按互换程度的不同，可以把互换性分为完全互换性和不完全互换性两类。

完全互换性简称互换性，以零部件装配或更换时不需要以挑选或修配为条件。一般来说，孔和轴加工后只要符合设计的规定要求，就具有完全互换性。

不完全互换性也称有限互换性，在零部件装配时允许有附加条件的选择或调整。对于不完全互换性，可以采用分组装配法、修配法、调整法或其他方法来实现。

所谓分组装配法就是将加工好的零件按照实测尺寸分为若干组，使每组内的尺寸差别比较小，再按相应组进行装配，大孔配大轴、小孔配小轴，组内零件可以互换，组与组之间不可互换。分组互换既可以保证装配精度和使用要求，又可以降低成本。

修配法用补充机械加工或钳工修刮的办法来获得所需的精度，如普通车床尾座部件中的垫板，其厚度需要在装配时再进行修磨，以满足头、尾座顶尖等高的要求。

调整法也是一种保证装配精度的方法，其特点是在机器装配或使用过程中，对某一特定零件按所需要的尺寸进行调整，以达到装配精度要求。例如在装配时对减速器中的端盖与箱体间垫片的厚度进行调整，使轴承的一端与端盖的底端之间预留适当的轴向间隙，以补偿温度变化时轴的微量伸长，从而避免在工作时可能产生轴向应力而导致轴的弯曲。

（2）对标准零部件或机构来讲，其互换性又可分为内互换性和外互换性。

内互换性是指部件或机构内部组成零件间的互换性，外互换性是指部件或机构与其相配合件间的互换性。例如，滚动轴承内、外圈滚道直径与滚动体直径间的配合为内互换性；滚动轴承内圈内径与传动轴的配合、滚动轴承外圈外径与壳体孔的配合为外互换性。

为使用方便起见，滚动轴承的外互换采用完全互换，内互换则因为组成零件的精度要求较高、加工困难而采用分组装配法，为不完全互换。一般来说，不完全互换只用于制造厂内部的装配，厂际协作即使产量不大也采用完全互换。

三、互换性的作用

互换性原则被广泛采用，因为它不仅对生产过程有影响，还涉及产品的设计、制造、装配、使用和维修等各方面。

（1）在设计方面，零部件具有互换性，可以最大限度地采用标准件和通用件，减少设计工作量，缩短设计周期，有利于开展计算机辅助设计和实现产品品种的多样化。例如开发汽车新产品时，可以采用具有互换性的发动机和底盘，不需要重新设计，而把设计重点放在外观等方面，大大缩短了设计与生产准备的周期。

（2）在制造方面，互换性有利于组织专业化生产，可采用高效率的专用设备，有利于组织流水线和自动线等先进生产方式，有助于进行计算机辅助制造，从而提高产品质量和生产效率，降低生产成本。例如在汽车制造业，汽车制造厂通常只生产主要部件，其他大部分的零、部件均采用专业化的协作生产。

（3）在装配方面，由于零部件具有互换性，因此装配时无须任何辅助加工，减轻了劳动强度，缩短了装配周期，有利于实现装配过程的机械化和自动化。

为使用方便，滚动轴承的外互换采用完全互换，内互换则因为组成零件的精度要求较高、加工困难而采用分组装配法，为不完全互换。一般来说，不完全互换只用于制造厂内部的装配，厂际协作即使产量不大也采用完全互换。

有了公差标准，还要有相应的检测技术措施来保证检测实际几何参数是否合格，从而保证零部件的互换性。在检测过程中必须保证计量基准和单位的统一，这就需要规定严格的尺寸传递系统，从而保证计量单位的统一。检测不仅用来评定产品质量，还能用于分析产品不合格的原因，以便及时调整生产，预防废品的产生。产品质量的提高，除了设计和加工精度需加以提高外，往往更有赖于检测精度的提高。

综上，制定和贯彻公差标准、合理设计公差、采用相应的检测技术是实现互换性、保证产品质量的必要条件。

 任务实施

齿轮减速器为批量生产，首先要保证使用性能和互换性，同时要满足生产率和成本要求。

对本课程来说，暂不考虑材料性能等其他因素，只考虑零部件的几何量因素，以科学地确定公差和配合是产品实现互换性高性价比的前提。

在实际应用中，产品的使用性能和互换性要求，往往只是对产品零部件的某些关键几何量的精度设计。确切地说，零部件上只是相互结合的表面和工作表面起主要作用，决定着产品的使用性和互换性以及制造成本，甚至决定着产品的生命力。从工艺观点看，公差首先对应制造难易，配合直接对应装配难易。

按照这一观点，决定齿轮减速器零部件几何量精度设计的主要内容是：各零部件之间配合部位（圆柱径向）的配合及其他技术要求，输入轴和输出轴上各零件的轴向尺寸及其公差。由齿轮减速器的装配图可知：各零件之间多处反映了轴与孔的结合关系，而且轴与孔的结合在各种机械中应用得最广。简而言之，影响互换性几何量精度设计的最主要内容是一些轴和孔的公差与配合。

公差主要用于协调机器零件使用要求与制造经济性之间的矛盾，而配合则反映零件组合时相互之间的关系。因此，公差与配合决定了机器零部件相互配合的条件和状况，它直接影响产品的精度、性能和使用寿命，是评定产品质量的重要技术指标之一。

综上分析，在图1-1所示的齿轮减速器中，只有科学合理地设计、确定各处配合及工作要求的部位和表面精度，才能实现互换性原则。在图1-1所示的齿轮减速器中，部分孔和轴配合的公差配合设计（分析过程与设计原理见以后项目阐述）为：输出轴端尺寸与公差为 $\phi45g7$，箱体孔与通孔端盖的配合为 $\phi100J7/f9$，箱体孔与轴承外环的配合为 $\phi100J7$（只标注出孔的代号），大齿轮与轴颈的配合为 $\phi56H7/h6$ 等。

任务二　标准化与优先数系

 任务描述与要求

如前所述，社会化生产机械产品要共同遵循互换性原则，而每种产品中都有若干几何参数和因素影响其互换性。如图1-1所示的齿轮减速器是由标准件和非标准件组合而成的，其中的20多种零部件中就有几十处尺寸及公差影响其互换性，如果是汽车等复杂机器，就会有更多种类零部件的尺寸及公差影响其互换性。由此可见，实现产品几何量互换性是一项要求高度统一的非常繁重的工作。这就要求互换性产品的技术参数必须规范和简化，具有权威的标准和标准化，且必须科学、统一，不可以杂乱和冗余，这个问题是由本任务提出与研讨的优先数和优先数系来解决的。

>> 任务分析

标准和标准化工作是一项庞大的系统工程，即制定、应用规范技术参数，以保证产品、刀具、量具和夹具等规格品种有限、有规律，进而保证生产组织协调配套及其使用维护。优先数和优先数系是对各种技术参数的数值进行协调、简化和统一的一种科学的数值标准。

一、标准与标准化

现代工业生产的特点是规模大、品种多、分工细、协作单位多及互换性要求高。一种产品的制造往往涉及许多部门和企业，为了满足生产中各部门和企业之间技术上相互协调、生产环节之间相互衔接的要求，必须使独立、分散的生产部门和生产环节之间保持必要的技术统一，以实现互换性生产。标准与标准化正是联系这种关系的主要途径和手段。

1. 标准的概念

按照 GB/T 20000.1—2014《标准化工作指南第 1 部分标准化和相关活动的通用术语》的规定，标准是通过标准化活动，按照规定的程序经协商一致制定，为各种活动或其结果提供规则、指南或特性，供共同使用和重复使用的文件。

标准宜以科学、技术和经验的综合成果为基础，以促进最佳的共同效益为目的。规定的程序指制定标准的机构颁布的标准制定程序。国际标准、区域标准、国家标准等，由于它们可以公开获得以及必要时通过修正或修订保持与最新技术水平同步，因此被视为构成了公认的技术规则。其他层次上通过的标准，诸如专业协（学）会标准、企业标准等，在地域上可影响几个国家。

标准可以从不同的角度进行分类，按标准的作用范围可分为国际标准、区域标准、国家标准、行业标准、地方标准和企业标准。在世界范围内，企业共同遵守国际标准（ISO）；对需要在全国范围内统一的技术要求，制定国家标准（GB）；对于没有国标又需要在某行业统一的技术要求，制定行业标准，如机械标准（JB）；对于需要在某个范围内统一的技术要求，可制定地方标准（DB）和企业标准（QB）。

按标准化对象的特性可分为基础标准、术语标准、符号标准、分类标准、试验标准、规范标准、规程标准、指南标准、产品标准、过程标准、服务标准、接口标准和数据待定标准等。这些类别相互间并不排斥，例如，一个特定的产品标准，如果不仅规定了对该产品特性的技术要求，还规定了用于判定该要求是否得到满足的证实方法，则也可视为规范标准。

2. 标准化的概念

标准化指的是为了在既定范围内获得最佳秩序，促进共同效益，对现实问题或潜在问题确立共同使用和重复使用的条款以及编制、发布和应用文件的活动。标准化活动确立的条款，可形成标准和其他标准化文件。标准化的主要效益在于为了产品、过程或服务的预期目的改进它们的适用性，促进贸易、交流以及技术合作。

标准化工作包括制定标准、发布标准、组织实施标准和对标准的实施进行监督等全部活动过程。由此可见，标准化是一个不断循环而又不断提高水平的过程。实施标准化可以改进产品、过程和服务的适用性，其目的可能包括但不限于品种控制、可用性、兼容性、互换性、健康、安全、环境保护、产品防护、经济绩效等。

标准化是实现互换性生产的前提，是组织现代化生产的重要手段，是实现专业化生产的必要前提，是联系设计、生产和使用等方面的纽带，是科学管理的重要组成部分，也是提高产品在国际市场上竞争能力的技术保证。因此，目前世界上各工业发达国家都高度重视标准化工作。

目前，标准化已发展到一个新的阶段，其特点是标准的国际化。采用国际标准已成为各国技术经济工作的普遍发展趋势。国际标准是指国际标准化组织（ISO）、国际电工委员会（IEC）和国际电信联盟（ITU）以及 ISO 确认并公布的其他国际组织制定的标准。为了便于国际贸易和国际技术交流，有些国家参照国际标准制定本国的国家标准，有些国家甚至不制定本国标准，而是完全采用国际标准。

我国提出了采用国际标准的三大原则：坚持与国际标准统一协调的原则；坚持结合我国国情的原则；坚持高标准、严要求和促进技术进步的原则。1978 年恢复参加 ISO 组织后，我国以国际标准为基础，陆续修订了自己的标准，其一致性程度有等同（IDT）、修改（MOD）和非等效（NEQ）三种。

二、优先数与优先数系

1. 优先数系和公比

优先数和优先数系

在设计机械产品和制定标准时，产品的性能参数、尺寸规格参数等都要通过数值表达，而这些数值在生产过程中又是互相关联的。例如，设计减速器箱体上的螺孔，当螺孔的直径和螺距确定后，与之相配合的螺钉尺寸、加工用的丝锥尺寸、检验用的螺纹塞规尺寸则随之而定，甚至攻螺纹前的钻孔尺寸和钻头尺寸、与之相关的垫圈尺寸、轴承盖上通孔的尺寸也随螺孔直径而定，这种参数数值具有扩散传播的特性。工程技术中的参数数值，即使是很小的差别，经过反复传播，也会造成尺寸规格的繁多杂乱，给组织生产、协作配套以及使用维修等带来很大的困难。优先数和优先数系就是对各种技术参数的数值进行协调、简化和统一的一种科学的数值制度，于 1877 年由法国人查尔斯·雷诺（Charles Renard）首先提出。

GB/T 321—2005《优先数和优先数系》规定的优先数系是指公比为 $\sqrt[5]{10}$、$\sqrt[10]{10}$、$\sqrt[20]{10}$、$\sqrt[40]{10}$、$\sqrt[80]{10}$，且项值中含有 10 的整数幂的几何级数的常用圆整值。为纪念雷诺，优先数系又叫 R 数系，各系列分别用 R5、R10、R20、R40 和 R80 表示，数系中的每一个数都为优先数。

优先数的理论值除 10 的整数幂之外均为无理数，应用时要加以圆整。通常取 5 位有效数字作为计算值，供精确计算用，取 3 位有效数字作为常用值。5 个优先数系的公比分别为 R5 系列：≈1.60；R10 系列：≈1.25；R20 系列：≈1.12；R40 系列：≈1.06；R80 系列：≈1.03。

R5、R10、R20、R40 是优先数系的基本系列，常用值见表 1-1。基本系列中的优先数常

表 1-1　优先数系的基本系列（摘自 GB/T 321—2005）

R5	R10	R20	R40	R5	R10	R20	R40	R5	R10	R20	R40
1.00	1.00	1.00	1.00			2.24	2.24				5.00	5.00	5.00
			1.06				2.36				5.30
		1.12	1.12	2.50	2.50	2.50	2.50			5.60	5.60
			1.18				2.65				6.00
	1.25	1.25	1.25			2.80	2.80	6.30	6.30	6.30	6.30
			1.32				3.00				6.70
		1.40	1.40		3.15	3.15	3.15			7.10	7.10
			1.50				3.35		8.00		7.50
1.60	1.60	1.60	1.60			3.55	3.55			8.00	8.00
			1.70				3.75				8.50
		1.80	1.80	4.00	4.00	4.00	4.00			9.00	9.00
			1.90				4.25				9.50
	2.00	2.00	2.00		4.50	4.50	4.50	10.00	10.00	10.00	10.00
			2.12				4.75				

用值，对计算值的相对误差为 +1.26%～−1.01%。一般机械产品的主要参数通常采用 R5 系列和 R10 系列；专用工具的主要尺寸采用 R10 系列；通用零件及工具的尺寸、铸件的壁厚等采用 R20 系列。R80 作为补充系列，仅用于分级很细的特殊场合。

2. 优先数系的特点

优先数系是一种十进制的等比级数，级数的项值中包括 1、10、100、…、10^n 和 1、0.1、0.01、…、10^{-n} 这些数（n 为正整数），按 1～10、10～100… 和 1～0.1、0.1～0.01… 划分区间，然后进行细分。它具有以下特点。

（1）每个区间内，R5 系列有 5 个优先数，即 1、1.6、2.5、4 和 6.3；R10 系列有 10 个优先数，即在 R5 的 5 个优先数中再插入比例中项 1.25、2、3.15、5 和 8。R5 系列的各项数值包含在 R10 系列中，同理 R10 系列的各项数值包含在 R20 系列中，R40 系列的各项数值包含在 R80 系列中。

（2）只要知道一个十进段内的优先数值，其他十进段内的数值就可由小数点的前后移位得到，所以优先数系的项值可从 1 开始，向大于 1 和小于 1 两端无限延伸，简单方便，易学、易记、易用。

（3）任意相邻两项间的相对差近似不变（按理论值则相对差为恒定值）。如 R5 系列约为 60%，R10 系列约为 25%，R20 系列约为 12%，R40 系列约为 6%，R80 系列约为 3%。按照等差数列分级的话，绝对差不变会导致相对差变化太大，只有按照等比数列分级，才能在较宽范围内以较少规格经济合理地满足要求。

（4）任意优先数经乘法、除法、乘方、开方运算后仍为优先数。很多数学量和物理量的近似值为优先数，如圆周率 π 可取 3.15，重力加速度可取 9.8，给工程计算带来了很大方便。例如直径为优先数时，圆的周长和面积、圆柱面的面积和圆柱体的体积、球体的表面积和体积等都是优先数。

3. 派生系列和优先数的选用

为使优先数系具有更宽广的适应性，可以从基本系列 Rr 中，每逢 p 项留取一个优先数，生成新的派生系列，以符号 Rr/p 表示，公比为 $10^{p/r}$。如 R10/3，是从基本系列 R10 中，每 3 项留取一个优先数生成的，即…，1.00，2.00，4.00，8.00，…，其公比为 $10^{3/10}≈2$，又称作倍数系列，应用非常广泛。

在确定产品的参数或参数系列时，如果没有特殊原因而必须选用其他数值的话，只要能满足技术经济上的要求，就应当力求选用优先数，并且按照 R5、R10、R20 和 R40 的顺序，优先用公比较大的基本系列；当一个产品的所有特性参数不可能都采用优先数时，也应使一个或几个主要参数采用优先数。即使单个参数值，也应按上述顺序选用优先数。这样做既可在产品发展时插入中间值仍保持或逐步发展成为有规律的系列，又便于与其他相关产品协调配套。

当基本系列不能满足要求时，可选用派生系列，优先采用公比较大和延伸项含有项值 1 的派生系列。根据经济性和需要量等不同条件，还可分段选用最合适的系列。

 任务实施

如前所述，标准是按级分类的，一个国家的国标是最权威也是最基础的，行业、地方和企业标准不得与国家标准抵触。我国从 1959 年至今已经多次颁布和修订国家标准，如第一个国家标准《公差与配合》(GB 159～174—1959)，以及以后的《公差与配合》(GB 1800～1804—1979)、《形状与位置公差》(GB 1182～1184—1980)、《表面粗糙度》(GB 1031—1983)。另一次修订是在 20 世纪 90 年代中期，修订的有《极限与配合》(GB/T 1800.1—1997，GB/T 1800.4—1999 等)、《形状和位置公差》(GB/T 1182—1996 等)和《表面粗糙度》(GB/T 1031—1995 等)等多项国家标准。

在标准化工作中，几乎所有参数都是按优先数系确定的，如图 1-1 所示减速器案例中的 20 多种标准与非标准零部件，几十处影响互换性的尺寸及公差都必须按标准的优先数系确定。

本任务及后续内容中涉及的尺寸分段、公差分级和表面粗糙度参数系列等也是按优先数系制定的。优先数系在工程技术领域被广泛应用，已成为国际上统一的数值制。如标准公差系列数值的确定方法就是按优先数系确定的典型案例。又如在尺寸公差中的基本尺寸分段、公差等级系数、标准公差因子、标准公差数值计算等，这些在后续内容中也会全面具体地应用优先数系。

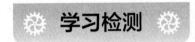

学习检测

问答题

1. 试述互换性在机械制造中的作用，并列举互换性应用的实例。
2. 互换性怎样分类？各用于何种场合？
3. 试述标准和标准化的意义。
4. 优先数系有哪些特点？R5、R10、R20、R40 和 R80 系列是什么意思？

综合题

1. 试写出下列基本系列和派生系列中自 1 以后共 5 个优先数的常用值：R10、R10/2、R20/3、R5/3、R40/7。
2. 下面两列数据属于哪种系列？公比为多少？
（1）某机床主轴转速为 50、63、80、100、125…，单位为 r/min。
（2）表面粗糙度 Ra 的基本系列为 0.012、0.025、0.050、0.100、0.200…，单位为 μm。

项目二 公差与配合

☑ **学习目标和要求**

在进行机械设计时，为保证互换性，首先要进行原理设计和零件设计。前者通过运动分析，以确定正确的运动机构；后者通过强度、刚度的计算，确定零件的尺寸大小。在此基础上还要进行精度的设计，以满足产品使用性能的要求。精度设计包括零件本身精度及零件与零件之间、部件与部件之间相互位置精度的设计。零件本身的精度分为尺寸精度、形状（宏观与微观）精度以及同一零件上各要素之间的位置精度，这三者往往又是相互关联的。

本项目是互换性的基础，是本书的重中之重，是后续项目必备的基础知识。《极限与配合》标准是我国采用的最早的标准，对我国工业的高速发展起着举足轻重的作用。

本项目主要介绍孔、轴的公差与配合。为了保证零件的互换性及便于设计、制造、检测和维修，需要对零件的精度与它们之间的配合实行标准化。

按照任务载体进行划分，本项目主要包括孔和轴的极限与公差，孔和轴的配合，以及公差与配合的选择三个任务。

任务一 孔和轴的极限与公差

 任务描述与要求

机械工业是国民经济和国防现代化的物质技术基础。机械产品是由无数个零部件装配而成的，孔、轴配合是机械设计和制造中最广泛的一种配合，是孔、轴结合的最基本和最普遍的形式。机械零部件的设计与制造精度对孔和轴的配合精度、使用性能和寿命具有很大的影响，那么在机械产品设计和制造过程中，如何规定零部件的精度？在工程图纸中是如何表示的？……通过本任务的学习，我们可以顺利找到以上问题的答案。

图 2-1 所示为机械行业中最典型的产品——减速器及其传动轴。减速器零部件的设计与制造都已经非常成熟，很具有代表性。如果要进行传动轴的正确加工，首先要分析清楚传动轴各部分的尺寸要求。那么如图 2-1 所示的传动轴，各部分尺寸的具体含义是什么？该如何表示？能否推出各部分需要加工到的精度为几级？

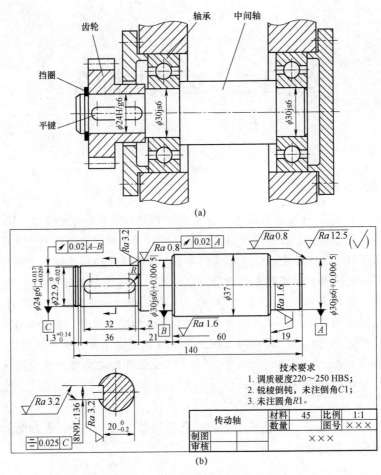

图 2-1 一级减速器装配图及传动轴图纸

（a）一级减速器装配图；（b）减速器传动轴工程图

 任务知识准备

一、公差与配合的相关标准

为了满足使用要求，保证互换性，我国对孔、轴尺寸公差与配合进行了标准化。原国家质检总局为了使我国机械产品的设计适应国际贸易的需求，不断发布实施新标准，同时代替旧标准。国家颁布的一系列尺寸公差与配合的标准主要包括：

GB/T 1800.1—2009《产品几何技术规范（GPS）极限与配合 第 1 部分：公差、偏差和配合的基础》；

GB/T 1800.2—2009《产品几何技术规范（GPS）极限与配合 第 2 部分：标准公差等级和孔、轴极限偏差表》；

GB/T 1801—2009《产品几何技术规范（GPS）极限与配合 公差带和配合的选择》；

GB/T 1804—2000《一般公差 未注公差的线性和角度尺寸的公差》；

本部分以最新国家标准来介绍孔、轴尺寸公差与配合的定义，公差配合的应用及检测等。

为了正确掌握公差与配合标准及其应用，统一对公差与配合标准的理解，应明确规定有关公差与配合的基本概念、术语及定义。基本概念、术语和定义的统一也是国际标准化的重要内容。

二、极限与公差的相关术语与定义

1. 有关孔和轴的定义

1）孔

孔通常是指工件的圆柱形内表面，也包括非圆柱形内表面（由两平行平面或切面形成的包容面）。孔的直径尺寸用 D 表示。

2）轴

轴通常是指工件的圆柱形外表面，也包括非圆柱形外表面（由两平行平面或切面形成的被包容面）。轴的直径尺寸用 d 表示。

孔和轴

轴与孔的示意图如图 2-2 所示。

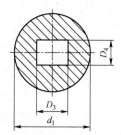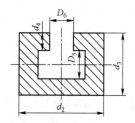

图 2-2 轴与孔的示意图

小提醒

从广义上看，孔和轴既可以是圆柱形的，也可以是非圆柱形的。如图 2-2 所示的各表面中，零件的各内表面尺寸，即尺寸 D_3、D_4、D_5、D_6 都称为孔的尺寸；零件的各外表面尺寸，即尺寸 d_1、d_2、d_3、d_4、d_5 都称为轴的尺寸。

在极限与配合中，孔和轴表现为包容和被包容的关系，孔为包容面，轴为被包容面，图 2-3 所示为几种轴与孔的配合。

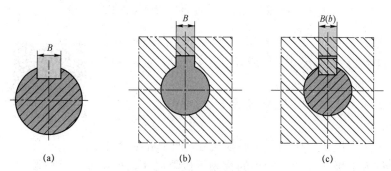

图 2-3 几种轴与孔的配合

（a）轴为被包容面，轴槽为包容面；（b）轮毂、轮毂槽均为包容面；（c）键与轴槽、轮毂槽的配合

2. 有关尺寸的定义

1）尺寸

尺寸是指用特定单位表示线性尺寸的数值，也可以称为线性尺寸和长度尺寸。例如，长度、宽度、高度、半径、直径及中心距等尺寸。尺寸由数值数字和特定的长度单位两部分组成，在机械工程图中，通常以毫米（mm）为单位。

2）公称尺寸

公称尺寸是由图样规范确定的理想形状要素的尺寸，也称为基本尺寸，是设计时给定的尺寸，它是计算极限尺寸和极限偏差的起始尺寸。如图2-4所示的$\phi 20$。

孔与轴的公称尺寸分别用 D 和 d 表示。

公称尺寸一经确定，便成为确定孔和轴尺寸偏差的起始点。

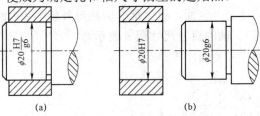

(a)   (b)

图2-4 公称尺寸标注图示

（a）孔轴配合标注；（b）孔和轴的标注

3）实际尺寸

实际尺寸是指零件加工后通过测量（两点法）获得的尺寸。由于零件存在形状误差，所以不同部位的实际尺寸不尽相同，故往往把实际尺寸称为局部实际尺寸，如图2-5所示。

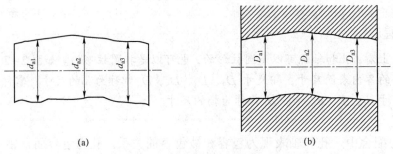

(a)   (b)

图2-5 实际尺寸示意图

（a）轴的实际尺寸；（b）孔的实际尺寸

用两点法测量的目的在于排除形状误差对测量结果的影响。因为测量误差的存在，实际尺寸不可能等于真实尺寸，它只是接近真实尺寸的一个随机尺寸。

孔与轴的实际尺寸分别用 D_a 和 d_a 来表示。

实际尺寸   极限尺寸

4）极限尺寸

极限尺寸是允许尺寸变动的两个界限尺寸。两个界限尺寸中较大的一个称为上极限尺寸，较小的称为下极限尺寸。孔和轴的上极限尺寸与下极限尺寸分别用 D_{max}、d_{max} 与 D_{min}、d_{min} 表示，如图2-6所示。

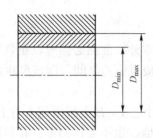
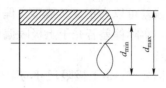

图 2-6 孔和轴的极限尺寸示意图

实际尺寸的大小是由加工决定的，而极限尺寸是设计时给定的尺寸，不随加工而变化。设计中规定，极限尺寸的作用是限制工件尺寸的变动范围不超过指定范围，以满足预定的使用要求。完工后，零件的实际尺寸应位于其中，也可以达到极限尺寸，用公式表示如下：

孔的尺寸合格条件为

$$D_{min} \leqslant D_a \leqslant D_{max}$$

轴的尺寸合格条件为

$$d_{min} \leqslant d_a \leqslant d_{max}$$

 课堂讨论

极限尺寸一定大于公称尺寸吗？它们之间的大小关系固定吗？

3. 有关偏差与公差的定义

1）尺寸偏差

尺寸偏差简称为偏差，是指某一尺寸（实际尺寸、极限尺寸）减去其公称尺寸所得的代数差。孔用 E 表示，轴用 e 表示。偏差可能为正或负，亦可为零。

尺寸偏差分为极限偏差和实际偏差。上极限尺寸与公称尺寸的代数差称为上极限偏差，孔和轴的上极限偏差分别用 ES 和 es 表示；下极限尺寸与公称尺寸的代数差称为下极限偏差，孔和轴的下极限偏差分别用 EI 和 ei 表示。上极限偏差与下极限偏差统称为极限偏差。实际尺寸与公称尺寸的代数差称为实际偏差，孔和轴的实际偏差分别用 Δ_a 和 δ_a 表示。各种偏差的计算公式如下：

孔的极限偏差：

$$ES = D_{max} - D$$
$$EI = D_{min} - D$$

轴的极限偏差：

$$es = d_{max} - d$$
$$ei = d_{min} - d$$

孔的实际偏差：

$$\Delta_a = D_a - D$$

轴的实际偏差：

极限偏差

孔的极限偏差计算

轴的极限偏差计算

— 13 —

$$\delta_a = d_a - d$$

上、下极限偏差可以为正、负或零。偏差值除零外，前面必须冠以正负号。极限偏差用于控制实际偏差。实际偏差若介于上极限偏差与下极限偏差之间，则该尺寸合格。

2）尺寸公差

尺寸公差简称公差，是上极限尺寸与下极限尺寸之差，或上极限偏差与下极限偏差之差，它是允许尺寸的变动量。公差取绝对值，不存在负值，也不允许为零。孔和轴的公差分别用 T_D 和 T_d 表示，计算公式如下：

孔的公差：

$$T_D = D_{max} - D_{min} = ES - EI$$

轴的公差：

$$T_d = d_{max} - d_{min} = es - ei$$

3）公差带

由于公差、偏差的数值与公称尺寸和极限尺寸的数值相比差别很大，不使用同一比例表示，所以采用公差与配合图解，简称公差带图。公差带图由零线和公差带组成。

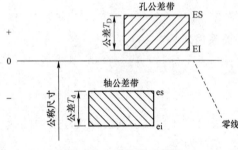

图 2-7　公差带示意图

零线：公差带图中用于确定极限偏差的一条基准线，即零偏差线。公称尺寸是公差带的零线。零线通常按照水平方向绘制。如图 2-7 所示，位于零线上方的极限偏差值为正数，位于零线下方的极限偏差值为负数，当与零线重合时，表示偏差为零。

公差带：在公差带图中，公差带是由代表上极限偏差和下极限偏差或上极限尺寸和下极限尺寸的两条直线所限定的一个区域，如图 2-7 所示。

小提醒

极限尺寸、公差与偏差的关系如下：

（1）偏差是代数值，可正、可负或者为零；公差是绝对值，且不能为零。

（2）极限偏差用于限制实际偏差；公差用于限制尺寸误差。

（3）对于单个零件只能测出尺寸的实际偏差，而对于一批零件可以统计出尺寸误差。

（4）偏差取决于加工机床的调整，如车削时进刀的位置，不反映加工难易；公差则表示制造精度，反映加工难易。

（5）极限偏差反映公差带位置，影响配合松紧程度；而公差反映公差带大小，影响配合精度。

公差带的大小，即公差值的大小，它是指沿垂直于零线方向计量的公差带宽度。沿零线方向的宽度，画图时任意确定，不具有特定的含义。但是，需要注意的是，不同的孔、轴公差带画在同一张图上时要符合大小比例要求。

在画公差带图时，公称尺寸以毫米（mm）为单位标出；公差带的上、下极限偏差用微米

（μm）标出，也可以用毫米（mm）标出。上、下极限偏差的数值前冠以"＋"或"－"号，零线以上为正，以下为负。与零线重合的偏差，其数值为零，不必再标出。

公差带图的画法　　孔轴公差带图区别

4. 有关标准公差和基本偏差的定义

国家标准极限制规定，公差带由"公差大小"和"公差带位置"组成，如图 2-7 所示。公差带大小由标准公差确定，公差带位置由基本偏差确定。

GB/T 1800.2—2009 规定了公称尺寸为 3～500 的标准公差和基本偏差。在机械制造中，常用尺寸小于或等于 500 mm 的尺寸，我们着重对该尺寸段进行介绍。

1）标准公差

标准公差是指《公差与配合》国家标准中所规定的用以确定公差带大小的任一公差值，标准公差系列是按照国家标准制定的一系列标准的公差数值。标准公差数值由公称尺寸和公差等级确定。表 2-1 列出了国家标准（GB/T 1800.2—2009）规定的机械制造行业常用尺寸（小于或等于 500 mm）的标准公差数值。

表 2-1　常用尺寸的标准公差数值

公称尺寸/mm		公差等级																			
		IT01	IT0	IT1	IT2	IT3	IT4	IT5	IT6	IT7	IT8	IT9	IT10	IT11	IT12	IT13	IT14	IT15	IT16	IT17	IT18
大于	至	μm													mm						
	3	0.3	0.5	0.8	1.2	2	3	4	6	10	14	25	40	60	0.1	0.14	0.25	0.4	0.6	1	1.4
3	6	0.4	0.6	1	1.5	2.5	4	5	8	12	18	30	48	75	0.12	0.18	0.3	0.48	0.75	1.2	1.8
6	10	0.4	0.6	1	1.5	2.5	4	6	9	15	22	36	58	90	0.15	0.22	0.36	0.58	0.9	1.5	2.2
10	18	0.5	0.8	1.2	2	3	5	8	11	18	27	43	70	110	0.18	0.27	0.43	0.7	1.1	1.8	2.7
18	30	0.6	1	1.5	2.5	4	6	9	13	21	33	52	84	130	0.21	0.33	0.52	0.84	1.3	2.1	3.3
30	50	0.6	1	1.5	2.5	4	7	11	16	25	39	62	100	160	0.25	0.39	0.62	1	1.6	2.5	3.9
50	80	0.8	1.2	2	3	5	8	13	19	30	46	74	120	190	0.3	0.46	0.74	1.2	1.9	3	4.6
80	120	1	1.5	2.5	4	6	10	15	22	35	54	87	140	220	0.35	0.54	0.87	1.4	2.2	3.5	5.4
120	180	1.2	2	3.5	5	8	12	18	25	40	63	100	160	250	0.4	0.63	1	1.6	2.5	4	6.3
180	250	2	3	4.5	7	10	14	20	29	46	72	115	185	290	0.46	0.72	1.15	1.85	2.9	4.6	7.2
250	315	2.5	4	6	8	12	16	23	32	52	81	130	210	320	0.52	0.81	1.3	2.1	3.2	5.2	8.1
315	400	3	5	7	9	13	18	25	36	57	89	140	230	360	0.57	0.89	1.4	2.3	3.6	5.7	8.9
400	500	4	6	8	10	15	20	27	40	63	97	155	250	400	0.63	0.97	1.55	2.5	4	6.3	9.7

根据机械制造产品零部件尺寸精度的要求不同，国家标准在基本尺寸至 500 mm 范围内规定了 20 个标准公差等级，用符号 IT 和数值表示，精度从 IT01、IT0、IT1、IT2～IT18 依次降低，即 IT01 精度等级最高，IT18 等级最低。其中，标准公差等级 IT01 和 IT0 在工业中很少用到。

标准公差的大小，即标准公差等级的高低，决定了孔、轴的尺寸精度和配合精度。在确定孔、轴公差时，应按照标准公差等级取值，以满足标准化和互换性的要求。

2）基本偏差

基本偏差是用以确定公差带相对零线位置的极限偏差，一般靠近零线的极限偏差为基本偏差。该偏差可以是上极限偏差，也可以是下极限偏差：当公差带位于零线上方时，其基本偏差为下极限偏差；当公差带位于零线下方时，其基本偏差为上极限偏差。

如图 2-7 所示，孔的公差带下极限偏差为基本偏差，轴的公差带上极限偏差为基本偏差。

（1）基本偏差的种类及其代号。

为了满足设计和生产的需要，国家标准对轴和孔各规定了 28 个公差带位置，分别由 28 个基本偏差来确定。

基本偏差代号用英文字母表示，轴用小写，孔用大写。

28 种基本偏差代号对应轴、孔的 28 种公差带位置，构成了基本偏差系列，如图 2-8 所示。基本偏差系列图表示基本尺寸相同的 28 种轴、孔基本偏差相对零线的位置。图 2-8 中画的是"开口"公差带，这是因为基本偏差只表示公差带的位置，而不表示公差带的大小。图 2-8 中只画出了公差带基本偏差的偏差线，另一极限偏差线则由公差等级决定。

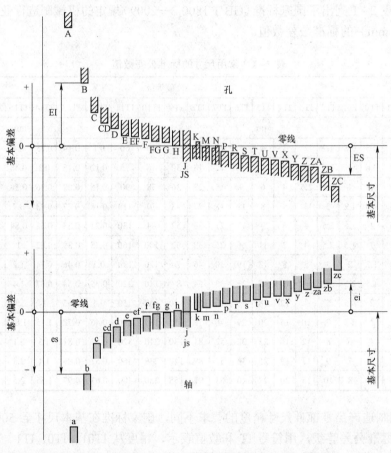

图 2-8　轴和孔的基本偏差系列

（2）基本偏差系列图及其特点。

由基本偏差系列图可以看出，相同字母的轴和孔的基本偏差相对于零线基本呈现对称分布，孔以 JS（J）为界，轴以 js（j）为界。

对于孔，A～G 的基本偏差为下极限偏差，EI 为正，绝对值逐渐减小；H 的基本偏差 EI=0；JS 形成的公差带，在各公差等级中完全对称于零线（J

孔轴基本偏差系列

近似对称），其基本偏差可以是上极限偏差，也可以是下极限偏差；J～ZC 的基本偏差为上极限偏差，ES 为负（除 J、K 外），绝对值逐渐增大。

对于 JS：

$$ES = +\frac{IT}{2}$$

$$EI = -\frac{IT}{2}$$

轴的基本偏差中，a～g 的基本偏差为上极限偏差，es 为负，绝对值逐渐减小；h 的基本偏差 es=0；js 形成的公差带相对于零线完全对称（j 近似对称），其基本偏差可以是上极限偏差，也可以是下极限偏差；j～zc 的基本偏差为下极限偏差，ei 为正，绝对值逐渐增大。

💼 **小提醒**

绝大多数基本偏差的数值不随公差等级变化，即与标准公差等级无关，但有少数基本偏差与公差等级有关。在轴的基本偏差系列图中，k 的基本偏差画出了两种情况以示区别；而在孔的基本偏差系列图中，K、M、N 的基本偏差也是如此。

（3）基本偏差数值表见表 2-2 和表 2-3。

4）尺寸标注

标注公称尺寸、公差带代号和极限偏差值。如 $\phi 25H7$（$^{+0.021}_{0}$），此种标注一般适用于中、小批量生产的产品零件图样上。

标注公称尺寸和公差带代号。如 $\phi 25H7H$，此种标注适用于大批量生产的产品零件图样上。

5）国家标准推荐选用的尺寸公差带

根据国家标准规定的 20 个等级的标准公差和轴、孔各 28 种基本偏差代号，从理论上讲，可以组成 560 种公差带。但是实际上有许多种公差带在生产中几乎不用，如 A01、ZA18 等。而且，公差带种类过多会使公差带表格过于庞大而不便使用，生产中需要配备相应的刀具和量具，这显然不经济。为了减少定值刀具、量具与工艺装备的数量和规格，国家标准对公差带种数加以限制。

国家标准推荐了孔和轴的一般、常用和优先选用的公差带。

（1）轴公差带。公称尺寸≤500 mm 的国家标准推荐的一般、常用和优先选用的轴公差带共有 116 种，如图 2-9 所示。其中，方框内（除圆圈外）的为常用公差带，有 46 种；括号内的为优先选用的公差带，有 13 种。

（2）孔公差带。公称尺寸≤500 mm 的国家标准推荐的一般、常用和优先选用的孔公差带共有 105 种，如图 2-10 所示。其中，方框内（除圆圈外）的为常用公差带，有 31 种；括号内的为优先选用的公差带，有 13 种。

轴和孔的优先和常用公差带

表2-2 公称尺寸≤500 mm 轴的基本偏差值

mm

注：① 表头中 "下偏差 ei" 对应 A~H（所有等级），"上偏差 es" 对应 J~ZC；JS 偏差=±IT/2；P~ZC 列 "在大于7级的相应数值上增加一个Δ值"。

大于	至	A	B	C	CD	D	E	EF	F	FG	G	H	JS	J6	J7	J8	K≤8	K>8	M≤8	M>8	N≤8	N>8	P~ZC	P	R	S	T	U	V	X	Y	Z	ZA	ZB	ZC	Δ3	Δ4	Δ5	Δ6	Δ7	Δ8
—	3	270	140	60	34	20	14	10	6	4	2	0	±IT/2	2	4	6	0	0	−2	−2	−4	−4		−6	−10	−14	—	−18	—	−20	—	−26	−32	−40	−60						
3	6	270	140	70	46	30	20	14	10	6	4	0	±IT/2	5	6	10	−1+Δ	0	−4+Δ	−4	−8+Δ	0		−12	−15	−19	—	−23	—	−28	—	−35	−42	−50	−80	1	1.5	1	3	4	6
6	10	280	150	80	56	40	25	18	13	8	5	0	±IT/2	5	8	12	−1+Δ	0	−6+Δ	−6	−10+Δ	0		−15	−19	−23	—	−28	—	−34	—	−42	−52	−67	−97	1	1.5	2	3	6	7
10	14	290	150	95		50	32		16		6	0	±IT/2	6	10	15	−1+Δ	0	−7+Δ	−7	−12+Δ	0		−18	−23	−28	—	−33	—	−40	—	−50	−64	−90	−130	1	2	3	3	7	9
14	18	290	150	95		50	32		16		6	0	±IT/2	6	10	15	−1+Δ	0	−7+Δ	−7	−12+Δ	0		−18	−23	−28	—	−33	−39	−45	—	−60	−77	−108	−150	1	2	3	3	7	9
18	24	300	160	110		65	40		20		7	0	±IT/2	8	12	20	−2+Δ	0	−8+Δ	−8	−15+Δ	0		−22	−28	−35	—	−41	−47	−54	−63	−73	−98	−136	−188	1.5	2	3	4	8	12
24	30	300	160	110		65	40		20		7	0	±IT/2	8	12	20	−2+Δ	0	−8+Δ	−8	−15+Δ	0		−22	−28	−35	−41	−48	−55	−64	−75	−88	−118	−160	−218	1.5	2	3	4	8	12
30	40	310	170	120		80	50		25		9	0	±IT/2	10	14	24	−2+Δ	0	−9+Δ	−9	−17+Δ	0		−26	−34	−43	−48	−60	−68	−80	−94	−112	−148	−200	−274	1.5	3	4	5	9	14
40	50	320	180	130		80	50		25		9	0	±IT/2	10	14	24	−2+Δ	0	−9+Δ	−9	−17+Δ	0		−26	−34	−43	−54	−70	−81	−97	−114	−136	−180	−242	−325	1.5	3	4	5	9	14
50	65	340	190	140		100	60		30		10	0	±IT/2	13	18	28	−2+Δ	0	−11+Δ	−11	−20+Δ	0		−32	−41	−53	−66	−87	−102	−122	−144	−172	−226	−300	−405	2	3	5	6	11	16
65	80	360	200	150		100	60		30		10	0	±IT/2	13	18	28	−2+Δ	0	−11+Δ	−11	−20+Δ	0		−32	−43	−59	−75	−102	−120	−146	−174	−210	−274	−360	−480	2	3	5	6	11	16
80	100	380	220	170		120	72		36		12	0	±IT/2	16	22	34	−3+Δ	0	−13+Δ	−13	−23+Δ	0	在大于7级的相应数值上增加一个Δ值	−37	−51	−71	−91	−124	−146	−178	−214	−258	−335	−445	−535	2	4	5	7	13	19
100	120	410	240	180		120	72		36		12	0	±IT/2	16	22	34	−3+Δ	0	−13+Δ	−13	−23+Δ	0		−37	−54	−79	−104	−144	−172	−210	−254	−310	−400	−525	−690	2	4	5	7	13	19
120	140	460	260	200		145	85		43		14	0	±IT/2	18	26	41	−3+Δ	0	−15+Δ	−15	−27+Δ	0		−43	−63	−92	−122	−170	−202	−248	−300	−365	−470	−620	−800	3	4	6	7	15	23
140	160	520	280	210		145	85		43		14	0	±IT/2	18	26	41	−3+Δ	0	−15+Δ	−15	−27+Δ	0		−43	−65	−100	−134	−190	−228	−280	−340	−415	−535	−700	−900	3	4	6	7	15	23
160	180	580	310	230		145	85		43		14	0	±IT/2	18	26	41	−3+Δ	0	−15+Δ	−15	−27+Δ	0		−43	−68	−108	−146	−210	−252	−310	−380	−465	−600	−780	−1000	3	4	6	7	15	23
180	200	660	340	240		170	100		50		15	0	±IT/2	22	30	47	−4+Δ	0	−17+Δ	−17	−31+Δ	0		−50	−77	−122	−166	−236	−284	−350	−425	−520	−670	−880	−1150	3	4	6	9	17	26
200	225	740	380	260		170	100		50		15	0	±IT/2	22	30	47	−4+Δ	0	−17+Δ	−17	−31+Δ	0		−50	−80	−130	−180	−258	−310	−385	−470	−575	−740	−960	−1250	3	4	6	9	17	26
225	250	820	420	280		170	100		50		15	0	±IT/2	22	30	47	−4+Δ	0	−17+Δ	−17	−31+Δ	0		−50	−84	−140	−196	−284	−340	−425	−520	−640	−820	−1050	−1350	3	4	6	9	17	26
250	280	920	480	300		190	110		56		17	0	±IT/2	25	36	55	−4+Δ	0	−20+Δ	−20	−34+Δ	0		−56	−94	−158	−218	−315	−385	−475	−580	−710	−920	−1200	−1550	4	4	7	9	20	29
280	315	1050	540	330		190	110		56		17	0	±IT/2	25	36	55	−4+Δ	0	−20+Δ	−20	−34+Δ	0		−56	−98	−170	−240	−350	−425	−525	−650	−790	−1000	−1300	−1700	4	4	7	9	20	29
315	355	1200	600	360		210	125		62		18	0	±IT/2	29	39	60	−4+Δ	0	−21+Δ	−21	−37+Δ	0		−62	−108	−190	−268	−390	−475	−590	−730	−900	−1150	−1500	−1900	4	5	7	11	21	32
355	400	1350	680	400		210	125		62		18	0	±IT/2	29	39	60	−4+Δ	0	−21+Δ	−21	−37+Δ	0		−62	−114	−208	−294	−435	−530	−660	−820	−1000	−1300	−1650	−2100	4	5	7	11	21	32
400	450	1500	760	440		230	135		68		20	0	±IT/2	33	43	66	−5+Δ	0	−23+Δ	−23	−40+Δ	0		−68	−126	−232	−330	−490	−595	−740	−920	−1100	−1450	−1850	−2400	5	5	7	13	23	34
450	500	1650	840	480		230	135		68		20	0	±IT/2	33	43	66	−5+Δ	0	−23+Δ	−23	−40+Δ	0		−68	−132	−252	−360	−540	−660	−820	−1000	−1250	−1600	−2100	−2600	5	5	7	13	23	34

注：
① 公称尺寸小于1 mm时，各级的a和b均不采用。
② js的数值，对IT7~IT11，若IT的数值为奇数，则js=±(IT−1)/2。
③ 示例：φ8e7 查IT7=0.015，可知上偏差为−0.025 mm，下偏差则为 −0.025−0.015=−0.04（mm）。

表2-3 公称尺寸≤500 mm 孔的基本偏差值

单位：mm

注：表中下偏差EI为 A～H（所有等级）；上偏差ES为 J～ZC。JS 偏差=±IT/2。"P～ZC（≤7）"列：在大于7级的相应数值上增加一个Δ值。K、M、N的"≤8"栏数值中的"+Δ"从右侧Δ栏选取。

公称尺寸/mm 大于	至	A	B	C	CD	D	E	EF	F	FG	G	H	J6	J7	J8	K≤8	K>8	M≤8	M>8	N≤8	N>8	P	R	S	T	U	V	X	Y	Z	ZA	ZB	ZC	Δ3	Δ4	Δ5	Δ6	Δ7	Δ8
—	3	270	140	60	34	20	14	10	6	4	2	0	2	4	6	0	0	-2	-2	-4	-4	-6	-10	-14	—	-18	—	-20	—	-26	-32	-40	-60	0	0	0	0	0	0
3	6	270	140	70	46	30	20	14	10	6	4	0	5	6	10	-1+Δ	-1	-4+Δ	-4	-8+Δ	0	-12	-15	-19	—	-23	—	-28	—	-35	-42	-50	-80	1	1.5	1	3	4	6
6	10	280	150	80	56	40	25	18	13	8	5	0	5	8	12	-1+Δ	-1	-6+Δ	-6	-10+Δ	0	-15	-19	-23	—	-28	—	-34	—	-42	-52	-67	-97	1	1.5	2	3	6	7
10	14	290	150	95		50	32		16		6	0	6	10	15	-1+Δ	-1	-7+Δ	-7	-12+Δ	0	-18	-23	-28	—	-33	—	-40	—	-50	-64	-90	-130	1	2	3	3	7	9
14	18	290	150	95		50	32		16		6	0	6	10	15	-1+Δ	-1	-7+Δ	-7	-12+Δ	0	-18	-23	-28	—	-33	-39	-45	—	-66	-77	-108	-150	1	2	3	3	7	9
18	24	300	160	110		65	40		20		7	0	8	12	20	-2+Δ	-2	-8+Δ	-8	-15+Δ	0	-22	-28	-35	—	-41	-47	-54	-63	-73	-98	-136	-188	1.5	2	3	4	8	12
24	30	300	160	110		65	40		20		7	0	8	12	20	-2+Δ	-2	-8+Δ	-8	-15+Δ	0	-22	-28	-35	-41	-48	-55	-64	-75	-88	-118	-160	-218	1.5	2	3	4	8	12
30	40	310	170	120		80	50		25		9	0	10	14	24	-2+Δ	-2	-9+Δ	-9	-17+Δ	0	-26	-34	-43	-48	-60	-68	-80	-94	-112	-148	-200	-274	1.5	3	4	5	9	14
40	50	320	180	130		80	50		25		9	0	10	14	24	-2+Δ	-2	-9+Δ	-9	-17+Δ	0	-26	-34	-43	-54	-70	-81	-97	-114	-136	-180	-242	-325	1.5	3	4	5	9	14
50	65	340	190	140		100	60		30		10	0	13	18	28	-2+Δ	-2	-11+Δ	-11	-20+Δ	0	-32	-41	-53	-66	-87	-102	-122	-144	-172	-226	-300	-405	2	3	5	6	11	16
65	80	360	200	150		100	60		30		10	0	13	18	28	-2+Δ	-2	-11+Δ	-11	-20+Δ	0	-32	-43	-59	-75	-102	-120	-146	-174	-210	-274	-360	-480	2	3	5	6	11	16
80	100	380	220	170		120	72		36		12	0	16	22	34	-3+Δ	-3	-13+Δ	-13	-23+Δ	0	-37	-51	-71	-91	-124	-146	-178	-214	-258	-335	-445	-585	2	4	5	7	13	19
100	120	410	240	180		120	72		36		12	0	16	22	34	-3+Δ	-3	-13+Δ	-13	-23+Δ	0	-37	-54	-79	-104	-144	-172	-210	-254	-310	-400	-525	-690	2	4	5	7	13	19
120	140	460	260	200		145	85		43		14	0	18	26	41	-3+Δ	-3	-15+Δ	-15	-27+Δ	0	-43	-63	-92	-122	-170	-202	-248	-300	-365	-470	-620	-800	3	4	6	7	15	23
140	160	520	280	210		145	85		43		14	0	18	26	41	-3+Δ	-3	-15+Δ	-15	-27+Δ	0	-43	-65	-100	-134	-190	-228	-280	-340	-415	-535	-700	-900	3	4	6	7	15	23
160	180	580	310	230		145	85		43		14	0	18	26	41	-3+Δ	-3	-15+Δ	-15	-27+Δ	0	-43	-68	-108	-146	-210	-252	-310	-380	-465	-600	-780	-1 000	3	4	6	7	15	23
180	200	660	340	240		170	100		50		15	0	22	30	47	-4+Δ	-4	-17+Δ	-17	-31+Δ	0	-50	-77	-122	-166	-236	-284	-350	-425	-520	-670	-880	-1 150	3	4	6	9	17	26
200	225	740	380	260		170	100		50		15	0	22	30	47	-4+Δ	-4	-17+Δ	-17	-31+Δ	0	-50	-80	-130	-180	-258	-310	-385	-470	-575	-740	-960	-1 250	3	4	6	9	17	26
225	250	820	420	280		170	100		50		15	0	22	30	47	-4+Δ	-4	-17+Δ	-17	-31+Δ	0	-50	-84	-140	-196	-284	-340	-425	-520	-640	-820	-1 050	-1 350	3	4	6	9	17	26
250	280	920	480	300		190	110		56		17	0	25	36	55	-4+Δ	-4	-20+Δ	-20	-34+Δ	0	-56	-94	-158	-218	-315	-385	-475	-580	-710	-920	-1 200	-1 550	4	4	7	9	20	29
280	315	1 050	540	330		190	110		56		17	0	25	36	55	-4+Δ	-4	-20+Δ	-20	-34+Δ	0	-56	-98	-170	-240	-350	-425	-525	-650	-790	-1 000	-1 300	-1 700	4	4	7	9	20	29
315	355	1 200	600	360		210	125		62		18	0	29	39	60	-4+Δ	-4	-21+Δ	-21	-37+Δ	0	-62	-108	-190	-268	-390	-475	-590	-730	-900	-1 150	-1 500	-1 900	4	5	7	11	21	32
355	400	1 350	680	400		210	125		62		18	0	29	39	60	-4+Δ	-4	-21+Δ	-21	-37+Δ	0	-62	-114	-208	-294	-435	-530	-660	-820	-1 000	-1 300	-1 650	-2 100	4	5	7	11	21	32
400	450	1 500	760	440		230	135		68		20	0	33	43	66	-5+Δ	-5	-23+Δ	-23	-40+Δ	0	-68	-126	-232	-330	-490	-595	-740	-920	-1 100	-1 450	-1 850	-2 400	5	5	7	13	23	34
450	500	1 650	840	480		230	135		68		20	0	33	43	66	-5+Δ	-5	-23+Δ	-23	-40+Δ	0	-68	-132	-252	-360	-540	-660	-820	-1 000	-1 250	-1 600	-2 100	-2 600	5	5	7	13	23	34

注：
① 公称尺寸小于或等于1 mm时，基本偏差A和B及大于IT8的基本偏差N均不采用。
② 对小于或等于IT8的K、M、N和小于或等于IT7的P～ZC的基本偏差中的Δ值从表的右侧选取。例如：18～30 mm段的K7，Δ=8 μm，所以ES=-2+8=6（μm）；18～30 mm段的S6，Δ=4 μm，所以ES=-35+4=-31（μm）。
③ 特殊情况：250～315 mm段的M6，ES=-9 μm（代替-11 μm）。

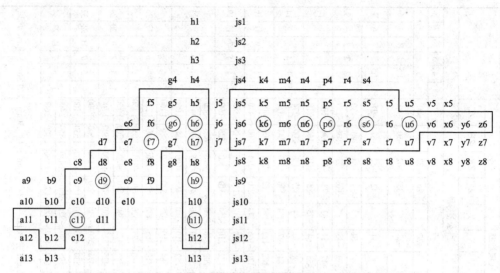

图 2-9　公称尺寸≤500 mm 的轴的一般、常用和优先选用公差带

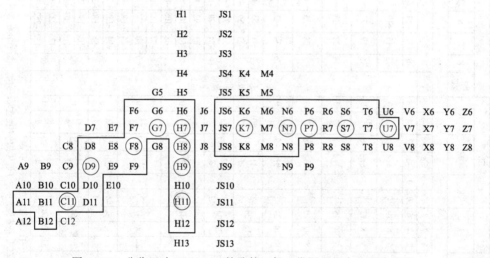

图 2-10　公称尺寸≤500 mm 的孔的一般、常用和优先选用公差带

选用公差带时，应按照优先、常用、一般公差带的顺序选取。若一般公差带中也没有满足要求的公差带，则可按照标准公差和基本偏差组成的公差带来选取，还可考虑用延伸和插入的方法来确定新的公差带。

5. 一般公差

一般公差的概念。

所谓线性尺寸的一般公差（也叫未注公差尺寸）是指在车间普通工艺条件下，机床设备可保证的公差。在正常维护和操作的情况下，它代表经济的加工精度。

GB/T 1804—2000 规定了线性尺寸一般公差的公差等级和极限偏差。一般公差等级分为 4 级，由高到低依次为精密级（f）、中等级（m）、粗糙级（c）、最粗级（v）。极限偏差全部采用对称偏差值，相应的极限偏差见表 2-4 和表 2-5。

表 2-4 线形尺寸的极限偏差数值   mm

公差等级	尺寸分段							
	0.5～3	>3～6	>6～30	>30～120	>120～400	>400～1 000	>1 000～2 000	>2 000～4 000
精密级 f	±0.05	±0.05	±0.1	±0.15	±0.2	±0.3	±0.5	—
中等级 m	±0.1	±0.1	±0.2	±0.3	±0.5	±0.8	±0.12	±2
粗糙级 c	±0.2	±0.3	±0.5	±0.8	±0.12	±2	±3	±4
最粗级 v	—	±0.5	±1	±1.5	±2.5	±4	±6	±8

表 2-5 倒圆半径和倒角高度尺寸的极限偏差数值   mm

公差等级	尺寸分段			
	0.5～3	>3～6	>6～30	>30
精密级 f	±0.2	±0.5	±1	±2
中等级 m				
粗糙级 c	±0.4	±1	±2	±4
最粗级 v				

对于低精度的非配合尺寸，或当功能上允许的公差等于或大于一般公差时，均可采用一般公差，例如冲压件和铸件尺寸由模具保证。

一般公差尺寸在图样上只标注公称尺寸，不标注极限偏差，而在技术要求中做出说明。这样可以简化制图，使图样清晰易读，并突出了标有公差要求的部位，以便在加工和检验时引起重视，还可简化零件上某些部位的检验。

 任务实施

◈ **任务回顾**

如果要进行传动轴的正确加工，首先要分析清楚传动轴各部分的尺寸要求，那么如图 2-11 所示的传动轴，各部分尺寸的具体含义是什么？该如何表示？能否推出各部分需要加工到的精度为几级？

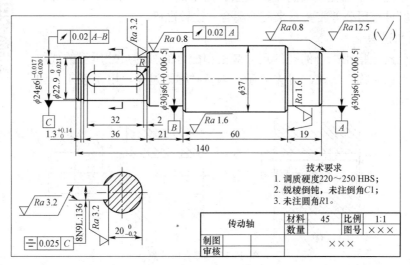

图 2-11 减速器传动轴工程图

任务实施

根据前面所学可知，传动轴共有 $\phi 30js6$、$\phi 24g6$、$\phi 22.9_{-0.021}^{0}$、$\phi 37$、$20_{-0.2}^{0}$、$1.3_{0}^{+0.14}$、32、36、21、60、19、2、140 十四个尺寸，其中，32、36、21、60、19、2、140、$\phi 37$ 是一般尺寸，公差未注；$\phi 30js6$、$\phi 24g6$、$\phi 22.9_{-0.021}^{0}$ 为公差尺寸，根据公差带代号的含义以及查标准公差表可知，这些尺寸的公差等级依次是 IT6、IT6、IT7。由此可知，$\phi 30js6$ 所对应的轴颈和 $\phi 24g6$ 所对应的轴头部分加工精度最高，在进行加工工艺设定时需要重点考虑。

任务二　孔和轴的配合

 任务描述与要求

减速器的箱体孔、输入输出轴轴颈与轴承及大齿轮内孔与输出轴轴头接合中，其配合质量和性质（如可动配合的松紧程度或不可动配合的紧固程度等）是由相互配合的轴和孔的公差带位置与大小决定的。本任务以图 2-1（a）所示的减速器中箱体孔、输入输出轴颈与轴承及大齿轮内孔与输出轴轴头的公差和配合为例，说明公差与配合在不同场合的标注方法。

那么，什么是孔、轴配合？在机械产品的设计与制造中，是如何规定配合内容的？不同的配合形式对产品的性能和寿命又有什么影响呢？……通过本任务的学习，我们可以顺利找到以上问题的答案。

任务知识准备

一、有关配合的定义

1. 配合

配合是指公称尺寸相同、相互接合的孔和轴公差带之间的关系，它反映的是接合的松紧程度。

由于配合是指一批孔、轴的装配关系，而不是指单个孔和单个轴的装配关系，所以只有用公差带关系来反映配合才比较准确。

2. 间隙和过盈

间隙或过盈是指相配合的孔的尺寸减去相配合的轴的尺寸所得的代数差，此差值为正时称为间隙，用 X 表示；为负时称为过盈，用 Y 表示，如图 2-12 所示。

极限配合示意图

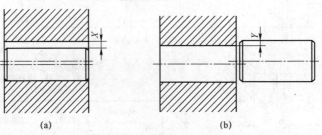

（a）　　　　　　　　　　　（b）

图 2-12　间隙和过盈

（a）间隙；（b）过盈

3. 配合种类

配合种类有间隙配合、过盈配合和过渡配合。

1）间隙配合

间隙配合是指具有间隙（包括最小极限间隙等于零）的配合，即使把孔做得最小、把轴做得最大，装配后仍具有一定的间隙（包括最小极限间隙等于零）。对于这类配合，孔的公差带在轴的公差带之上，如图2-13所示。

间隙配合

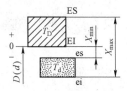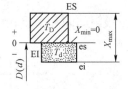

图2-13　间隙配合及其图解

这类配合的最大间隙用 X_{max} 表示，最小间隙用 X_{min} 表示，平均间隙用 X_{av} 表示，计算公式分别为

最大极限间隙：
$$X_{max} = D_{max} - d_{min} = ES - ei$$

最小极限间隙：
$$X_{min} = D_{min} - d_{max} = ES - es$$

平均间隙：
$$X_{av} = \frac{X_{max} + X_{min}}{2}$$

2）过盈配合

过盈配合是指具有过盈（包括最小极限过盈等于零）的配合，即使把孔做得最大、把轴做得最小，装配后仍具有一定的过盈（包括最小极限过盈等于零）。对于这类配合，孔的公差带在轴的公差带之下，如图2-14所示。

过盈配合

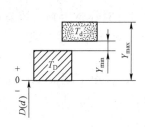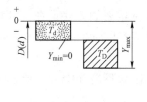

图2-14　过盈配合及其图解

这类配合的最大极限过盈用 Y_{max} 来表示，最小极限过盈用 Y_{min} 来表示，平均过盈用 Y_{av} 来表示，计算公式分别为

最大极限过盈：
$$Y_{max} = D_{min} - d_{max} = EI - es$$

最小极限过盈：
$$Y_{min} = D_{max} - d_{min} = ES - ei$$

平均过盈：
$$Y_{av} = \frac{Y_{max} + Y_{min}}{2}$$

3）过渡配合

过渡配合是指可能具有间隙或过盈的配合。对于这类配合，孔的公差带

过渡配合

与轴的公差带相互交叠，如图 2-15 所示。

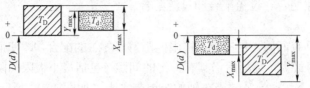

图 2-15　过渡配合及其图解

这类配合没有最小极限间隙和最小极限过盈，只有最大极限间隙 X_{max} 和最大极限过盈 Y_{max}，计算公式为

最大极限间隙：

$$X_{max} = D_{max} - d_{min} = ES - ei$$

最大极限过盈：

$$Y_{max} = D_{min} - d_{max} = EI - es$$

平均间隙（过盈）：

$$X_{av}(Y_{av}) = \frac{Y_{max} + Y_{max}}{2}$$

当最大极限间隙和最大极限过盈的平均值为正时，表示平均间隙 X_{av}；为负时，表示平均过盈 Y_{av}。

公差带图表示三种　　配合公差带图
配合类型

4. 配合公差及配合公差带图

配合公差是指间隙或过盈的允许变动量，用 T_f 表示。

对于间隙配合：　　　　$T_f = X_{max} - X_{min}$

对于过盈配合：　　　　$T_f = Y_{min} - X_{max}$

对于过渡配合：　　　　$T_f = X_{max} - Y_{max}$

从上式可以看出，不论是哪一类配合，其配合公差都应表示为

$$T_f = T_D + T_d$$

此公式是一个非常重要的公式，在尺寸精度设计时经常用到。该公式说明，配合精度要求越高，则孔、轴的精度也应越高（公差值越小）；配合精度要求越低，则孔、轴的精度也越低（公差值越大）。

为了直观地表示配合精度和配合性质，国家标准提出了配合公差带图，如图 2-16 所示。

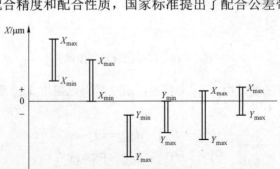

图 2-16　配合公差带图

画配合公差带图的规则与画孔、轴公差带图的规则相同，配合公差带图用一长方形区域

表示。零线以上为正，表示间隙；零下以下为负，表示过盈。公差带上、下两端到零线的距离为极限间隙或极限过盈，而公差带上、下两端之间的距离为配合公差。极限间隙和极限过盈以 μm 或 mm 为单位。

二、有关配合制的定义

配合制是由同一种极限制的轴和孔的公差带组成配合的一种制度。国家标准规定了两种配合制：基孔配合制和基轴配合制。

基孔制、基轴制
配合图

1. 基孔配合制

基孔配合制是指基本偏差为一定（H）的孔的公差带，与不同基本偏差（a～zc）的轴的公差带形成各种配合的一种制度，简称基孔制，如图 2-17（a）所示。

2. 基轴配合制

基轴配合制指基本偏差为一定（h）的轴的公差带，与不同基本偏差（A～ZC）的孔的公差带形成各种配合的一种制度，简称基轴制，如图 2-17（b）所示。

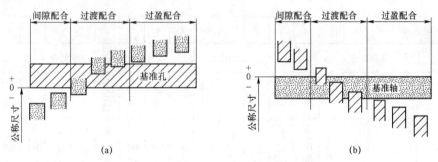

图 2-17 基孔配合制和基轴配合制
（a）基孔制配合；（b）基轴制配合

三、配合系列

1. 配合代号

标准规定，配合代号用孔和轴的公差带代号以分数形式表示，其中，分子为孔的公差带代号，分母为轴的公差带代号，如 $\phi 30H7/g6$ 或 $\phi 30\dfrac{H7}{g6}$。$\phi 30H7/g6$ 可解释为公称尺寸为 $\phi 30$ mm，基孔制，由孔公差带 H7 和轴公差带 g6 组成间隙配合。

2. 配合代号在装配图上的标注形式

图 2-18 所示为常见的孔与轴都是非标准件的配合代号在装配图上的标注形式。

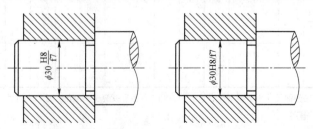

图 2-18 非标准件的配合代号标注形式

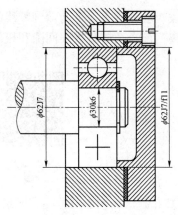

图 2-19　标准件配合代号标注形式

若孔与轴中有一个是标准件，则装配图上只在非标准件的公称尺寸后标出偏差代号与公差等级，如图 2-19 所示，轴承内外径不标注公差代号，ϕ62J7 和 ϕ30k6 即为配合代号。

3. 国家标准推荐选用的配合

为了使配合的种类集中统一，GB/T 1801—2009《产品几何级数规范（GPS）极限与配合　公差带和配合的选择》规定了基孔制常用配合 59 种，优先配合 13 种，见表 2-6；基轴制常用配合 47 种，其中优先配合 13 种，见表 2-7。

表 2-6　基孔制优先、常用配合

基准孔	轴																					
	a	b	c	d	e	f	g	h	js	k	m	n	p	r	s	t	u	v	x	y	z
	间隙配合								过渡配合				过盈配合									
H6						$\frac{H6}{f5}$	$\frac{H6}{g5}$	$\frac{H6}{h5}$	$\frac{H6}{js5}$	$\frac{H6}{k5}$	$\frac{H6}{m5}$	$\frac{H6}{n5}$	$\frac{H6}{p5}$	$\frac{H6}{r5}$	$\frac{H6}{s5}$	$\frac{H6}{t5}$					
H7						$\frac{H7}{f6}$	▼$\frac{H7}{g6}$	▼$\frac{H7}{h6}$	$\frac{H7}{js6}$	▼$\frac{H7}{k6}$	$\frac{H7}{m6}$	▼$\frac{H7}{n6}$	▼$\frac{H7}{p6}$	$\frac{H7}{r6}$	▼$\frac{H7}{s6}$	$\frac{H7}{t6}$	▼$\frac{H7}{u6}$	$\frac{H7}{v6}$	$\frac{H7}{x6}$	$\frac{H7}{y6}$	$\frac{H7}{z6}$
H8					$\frac{H8}{e7}$	▼$\frac{H8}{f7}$	$\frac{H8}{g7}$	▼$\frac{H8}{h7}$	$\frac{H8}{js7}$	$\frac{H8}{k7}$	$\frac{H8}{m7}$	$\frac{H8}{n7}$	$\frac{H8}{p7}$	$\frac{H8}{r7}$	$\frac{H8}{s7}$	$\frac{H8}{t7}$	$\frac{H8}{u7}$				
				$\frac{H8}{d8}$	$\frac{H8}{e8}$	$\frac{H8}{f8}$		$\frac{H8}{h8}$													
H9			$\frac{H9}{c9}$	▼$\frac{H9}{d9}$	$\frac{H9}{e9}$	$\frac{H9}{f9}$		▼$\frac{H9}{h9}$													
H10			$\frac{H10}{c10}$	$\frac{H10}{d10}$				$\frac{H10}{h10}$													
H11	$\frac{H11}{a11}$	$\frac{H11}{b11}$	▼$\frac{H11}{c11}$	$\frac{H11}{d11}$				▼$\frac{H11}{h11}$													
H12		$\frac{H12}{b12}$						$\frac{H12}{h12}$													

注：① H6/n5、H7/p6 在公称尺寸小于或等于 3 mm 和 H8/r7 在小于或等于 100 mm 时，为过渡配合。

② 标注▼的配合为优先配合。

表 2-7 基轴制优先、常用配合

基准轴	孔																				
	A	B	C	D	E	F	G	H	JS	K	M	N	P	R	S	T	U	V	X	Y	Z
	间隙配合								过渡配合			过盈配合									
h5						F6/h5	G6/h5	H6/h5	JS6/h5	K6/h5	M6/h5	N6/h5	P6/h5	R6/h5	S6/h5	T6/h5					
h6						F7/h6	G7/h6	H7/h6	JS7/h6	K7/h6	M7/h6	N7/h6	P7/h6	R7/h6	S7/h6	T7/h6	U7/h6				
h7					E8/h7	F8/h7		H8/h7	JS8/h7	K8/h7	M8/h7	N8/h7									
h8				D8/h8	E8/h8	F8/h8		H8/h8													
h9				D9/h9	E9/h9	F9/h9		H9/h9													
h10				D10/h10				H10/h10													
h11	A11/h11	B11/h11	C11/h11	D11/h11				H11/h11													
h12		B12/h12						H12/h12													

注：① 标注▼的配合为优先配合。

由表 2-6 和表 2-7 可知,当相配合的孔和轴公差带均为优先公差带时,可组成优先配合;当相配合的孔和轴公差带均是常用公差带,或其中一个是常用公差带,另一个是优先公差带时,组成常用配合。

同理,选用配合时,应尽量选用优先、常用配合。优先配合应用说明见表 2-8。

表 2-8 优先配合应用说明

配合类别	配合代号		应用说明
	基孔制	基轴制	
间隙配合	H11/c11	C11/h11	间隙非常大,用于很松、转动很慢的动配合;要求大公差与大间隙的外露组件;要求装配方便的很松的配合
	H9/d9	D9/h9	间隙很大的自由转动配合,用于精度为非主要要求,或有大的温度变化、高转速或大的轴颈压力时的配合
	H8/f7	F8/h7	间隙不大的转动配合,用于中等转速与中等轴颈压力的精确转动,也用于装配容易的中等定位配合
	H7/g6	G7/h6	间隙很小的滑动配合,用于不希望自由转动,但可自由移动和滑动并精密定位的配合,也可用于要求明确的定位配合
	H7/h6、H8/h7、H9/h9、H11/h11		均为间隙定位配合,零件可自由装拆,而工作时一般相对静止不动。在最大实体条件下的间隙为零,在最小实体条件下的间隙由公差等级决定

续表

配合类别	配合代号		应用说明
	基孔制	基轴制	
过渡配合	H7/k6	K7/h6	用于精密定位的配合
	H7/n6	N7/h6	允许有较大过盈的更精密定位的配合
过盈配合	H7/p6	P7/h6	过盈定位配合，即小过盈配合，用于定位精度特别重要时，能以最好的定位精度达到部件的刚性及对中性要求，而对内孔承受压力无特殊要求，不依靠配合的紧固性传递摩擦负荷的配合
	H7/s6	S7/h6	中等压入配合，适用于一般钢件，或用于薄壁件的冷缩配合，用于铸铁件可得到最紧的配合
	H7/u6	U7/h6	压入配合，适用于可以承受高压入力的零件，或不易承受大压入力的冷缩配合

在实际生产中，如有特殊需要或其他充分理由，也允许采用非基准制的配合，即采用非基准孔和非基准轴相配合。

 任务实施

>> **任务回顾**

减速器的箱体孔、输入输出轴轴颈与轴承及大齿轮内孔与输出轴轴头接合中，其配合质量和性质（如可动配合的松紧程度或不可动配合的紧固程度等）是由相互配合的轴和孔的公差带位置与大小决定的。根据所学知识，我们可知道如图 2-1（a）所示配合代号的含义以及配合的类型。

>> **任务实施**

首先，在减速器装配图中，$\phi30js6$ 为轴承内圈和轴颈的配合代号，因为轴承是标准件，因此省略孔的公差带代号，只留轴颈的公差带代号。$\phi24H7/g6$ 为大齿轮内孔与轴头的配合代号，查表 2-6 可知，为优先配合，属于间隙配合类型。

任务三　公差与配合的选择

 任务描述与要求

机械产品中孔、轴的公差与配合是其几何量互换的关键因素。

应用前面的知识与案例，为如图 2-20 所示的减速器中箱体孔、输入输出轴颈与轴承及大齿轮内孔与输出轴轴颈选用它们的公差与配合。该减速器由 20 多种零件装配而成，其中标准零部件有轴承、键、销、螺栓、密封圈、垫片等，非标准件有箱座、箱盖、输入轴、输出轴、端盖和套筒等。这些零件中，轴承是由专业化的轴承厂制造的，键、销、螺栓、密封圈、垫片等是由专业化的标准件厂生产的，非标准件一般由各机器制造厂加工。

为保证减速器产品的性能、性价比和几何量互换性，核心就是科学、合理地选用输入输出轴轴颈及与其匹配件的公差与配合，主要工作包括基准制的选择与应用设计、尺寸精度的设计、配合的选择与应用设计。

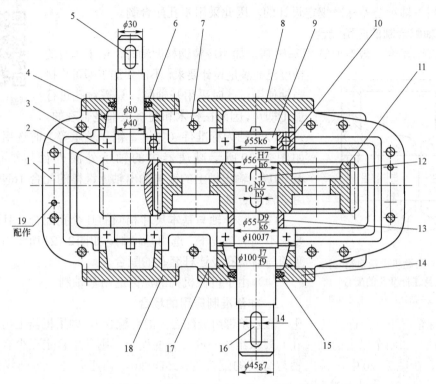

图 2-20 齿轮减速器的结构示意图（接合面部分的俯视剖视图）

1—箱体；2—输入轴；3、10—轴承；4、8、14、18—端盖；5、12、16—键；6、15—密封圈；
7—螺栓；9—输出轴；11—大齿轮；13—套筒；17—垫片；19—定位销

 任务知识准备

一、基准配合制的选择

基准配合制的选择主要考虑两方面的因素：一方面是零件的加工工艺可行性及检测的经济性；另一方面是机械设备及机械产品机构形式的合理性。

基准配合制的选择原则是优先选用基孔制，根据需要选用基轴制，特殊场合采用非基准制。

1. 基孔配合制的应用场合（活塞连杆机构基孔制配合视频）

由于孔的加工难度大，尤其是中、小孔的加工，故一般采用定值刀具与量具进行加工和检测。而轴则靠砂轮或车刀加工，对轴的测量，可使用通用量具，因而相对孔而言，轴的加工费用较低。采用基孔配合制确定孔的尺寸以后，相对比较简单地改变轴的尺寸，就可以减少孔的公差带数量，从而减少加工孔的定值刀具与量具的规格和数量，以获得较好的经济效益。

如图2-20所示的减速器中，输出轴与大齿轮的配合为一般情况，即优先选用基孔制配合，

活塞连杆机构基孔
制配合

选用最小间隙为 0 的间隙配合，配合代号为 $\phi 56H7/h6$。

当孔为基准件时，同样采用基孔制配合，比如轴承内圈与轴径的配合，轴承内圈的公差带是按照相关轴承公差标准规定设计的，因此采用基孔配合制。

2. 基轴配合制的应用场合

（1）有明显经济效益时选用基轴制，如用冷拉钢材做轴时，由于本身的精度已能满足设计要求，不需要加工即可直接当轴使用，此时采用基轴制，只需对孔进行加工即可，因而在技术和经济上都是合理的。

活塞连杆机构基轴制配合图

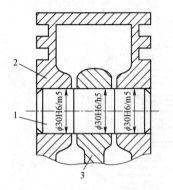

图 2-21　内燃机中活塞销与
活塞孔及连杆套孔的配合

1—活塞销；2—活塞；3—连杆小头孔

（2）轴为标准件（如键、销、轴承等）时选用基轴制。如图 2-20 所示减速器中的轴承外圈外径与轴径的配合 $\phi 100J7$、输出轴上的键与输出轴上键槽的配合 $16N9/h9$ 均采用基轴配合制。

（3）同一轴与基本尺寸相同的几个孔配合，且配合性质要求不同的情况下，选用基轴制。如图 2-21 所示内燃机中活塞销与活塞孔及连杆套孔的配合。

（4）由于机械机构的原因选用基轴制。

3. 非基准制应用的场合

在特殊情况下，允许将任一孔、轴公差带组成配合（混合配合）。如果机器上出现一个非基准孔（轴）和两个以上的轴（孔）要求组成不同性质的配合，则其中肯定至少有一个非基准制配合。在图 2-20 中，输出轴与套筒的配合为 $\phi 55D9/k6$，箱座孔与端盖凸缘的配合为 $\phi 100J7/f9$，两者均为非基准制配合。

二、公差等级的选择

公差等级的高低会直接影响到产品的使用性能、生产率和加工成本，正确合理地选择尺寸公差等级非常重要。

1. 公差等级的选择原则

公差等级的选择在满足使用要求的前提下，要充分考虑工艺的可能性和经济性，尽量选择较低的公差等级。图 2-22 所示为精度高低与生产成本的关系。

2. 公差等级的选择方法

1）类比法

类比法即经验法，就是参考经过实践证明合理的类似产品的公差等级，将所设计的机械（机构、产品）的使用性能、工作条件、加工工艺装备等情况与之进行比较，从而确定合理的公差等级。

对初学者来说，大多采用类比法，此法主要是通过查阅有关的参考资料、手册并进行分析比较后再确定公差等级。类比法多用于一般要求的配合。

采用类比法确定公差等级应考虑以下几个问题：

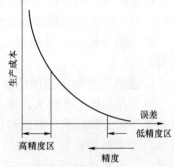

图 2-22　公差等级（精度）与
生产成本的关系

（1）要了解各个公差等级的应用范围，见表2-9和表2-10。

表2-9 公差等级的应用范围

应用		公差等级 IT																		
		01	0	1	2	3	4	5	6	7	8	9	10	11	12	13	14	15	16	17	18
量块		■	■	■																	
量规	高精度				■	■	■	■	■												
	低精度							■	■	■											
孔轴配合	特别精密 轴				■	■	■	■													
	孔					■	■	■	■												
	精密配合 轴							■	■	■	■										
	孔								■	■	■										
	中等精度 轴									■	■	■	■								
	孔									■	■	■	■								
	低精度													■	■	■					
非配合尺寸															■	■	■	■	■	■	■
原材料公差										■	■	■	■	■	■	■	■	■			

表2-10 配合尺寸5~12级的应用

公差等级	应用
5级	主要用在配合公差、形状公差要求很小的地方，它的配合性质稳定，一般在机床、发动机、仪表等重要部位应用。例如，与D级滚动轴承配合的箱体孔；与E级滚动轴承配合的机床主轴、机床尾座与套筒、精密机械及高速机械中轴径、精密丝杠轴径等
6级	配合性质能达到较高的均匀性，例如，与E级滚动轴承相配合的孔、轴径；与齿轮、涡轮、联轴器、带轮、凸轮等连接的轴径，机床丝杠轴径；摇臂钻立柱；机床夹具中导向件外径尺寸；6级精度齿轮的基准孔，7、8级精度的齿轮基准轴径
7级	7级精度比6级稍低，应用条件与6级基本相似，在一般机械制造中应用较为普遍。例如，联轴器、带轮、凸轮等孔径；机床卡盘座孔，夹具中固定钻套，可换钻套；7、8级齿轮基准孔，9、10级齿轮基准轴
8级	在机械制造中属于中等精度，应用较普遍。例如，轴承座衬套沿宽度方向尺寸，9~12级齿轮基准孔，11、12级齿轮基准轴
9级、10级	一般要求，主要用于机械制造中。例如，轴套外径与孔，操纵件与轴，空轴带轮与轴，单键与花键
11级、12级	配合精度很低，装配后可能产生很大间隙，适用于基本上没有配合要求的场合。例如，机床上法兰盘与止口，滑块与滑移齿轮；加工中工序间尺寸；冲压加工的配合件，机床制造中的扳手孔与扳手座的连接

（2）要了解公差等级与加工方法的关系，见表2-11。

表2-11 各种加工方法可能达到的公差等级

加工方法	公差等级 IT																			
	01	0	1	2	3	4	5	6	7	8	9	10	11	12	13	14	15	16	17	18
研磨	■	■	■	■	■	■														
珩磨						■	■	■												
圆磨							■	■	■	■										

续表

加工方法	公差等级 IT																			
	01	0	1	2	3	4	5	6	7	8	9	10	11	12	13	14	15	16	17	18
平磨							■	■	■	■										
金刚石车							■	■	■											
金刚石镗							■	■	■											
拉削							■	■	■	■										
铰孔								■	■	■	■									
精车精镗								■	■	■	■									
粗车												■	■	■	■					
粗镗										■	■	■	■	■	■					
铣										■	■	■	■	■	■					
刨、插												■	■	■	■					
钻削												■	■	■	■					
冲压												■	■	■	■	■				
滚压、挤压												■	■							
锻造																		■	■	
砂型铸造、气割																	■	■	■	■
金属型铸造														■	■	■	■	■		

（3）轴和孔的工艺等价性。当公称尺寸不大于 500 mm 时，高精度（≤IT8）孔比相同精度的轴难加工，为使相配合的孔和轴加工难易程度相当，即有工艺等价性，一般推荐孔的公差等级比轴的公差等级低一级，通常 IT6、IT7、IT8 级的孔分别与 IT5、IT6、IT7 级的轴配合；低精度（＞IT8）的孔和轴采用同级配合。

（4）当配合精度要求不高时，允许孔、轴的公差等级相差 2~3 级，以降低加工成本。如图 2-21 所示加速器中的 $\phi100J7/f9$ 和 $\phi55D9/k6$。

（5）协调与相配合零部件间的精度关系。如与滚动轴承配合的轴或孔的精度等级应与滚动轴承的精度相匹配。例如，大齿轮孔的公差等级是按照齿轮的精度等级选取的，因而与齿轮孔相配合的轴颈的公差等级应与齿轮孔的公差等级相匹配，即 $\phi56h6$，配合代号为 $\phi56H7/h6$，如图 2-21 所示。

2）计算法

所谓计算法是指根据一定的理论和计算公式计算后，再根据《极限与配合》的标准确定合理的公差等级，即根据工作条件和使用性能要求确定配合部位的间隙或过盈允许的界限，然后通过计算法确定相配合的孔、轴的公差等级。计算法多用于重要的配合。

三、配合的选择

配合的选择就是根据功能、工作条件和制造装配要求确定配合的种类和精度，即确定配合代号。

1. 配合类型的选择方法

1）计算法

计算法主要用于两种情况：一是用于保证与滑动轴承的间隙配合，当要求保证液体摩擦时，可根据滑动摩擦理论计算允许的最小间隙，从而选择适当的配合；二是完全依靠装配过盈传递负荷的过盈配合，可以根据要求传递负荷的大小计算允许的最小过盈，再根据孔、轴材料的弹性极限计算允许的最大过盈，从而选择合适的配合。

2）类比法

与选择公差等级的类比法相似，通过查表将所设计的配合部位的工作条件和功能要求与相同或相似的工作条件或功能要求的配合部位进行分析比较，对于已成功的配合做适当的调整，从而确定配合代号。此种选择方法主要应用在一般、常见的配合中。

3）试验法

试验法主要用于新产品和特别重要配合的选择。这些配合的选择需要进行专门的模拟试验，以确定工作条件要求的最佳间隙或过盈及其允许变动的范围，然后确定其配合性质。这种方法只要实验设计合理、数据可靠，选用的结果就会比较理想，但成本较高。

2. 选择配合的任务

当基准配合制和孔、轴公差等级确定之后，选择配合的任务是：确定非基准件（基孔配合制中的轴或基轴配合制中的孔）的基本偏差代号。

3. 选择配合的步骤

采用类比法选择配合时，可以按照下列步骤进行。

（1）确定配合的大致类别。根据配合部位的功能要求确定配合的类别。功能要求及对应的配合类型见表 2-12，可按表中的情况选择。

表 2-12 功能要求及对应的配合类型

		要求精确同轴	永久接合	过盈配合
无相对运动	传递扭矩		可拆接合	过渡配合或间隙最小的间隙配合夹紧固件
		不需要精确同轴		间隙较小的间隙配合夹紧固件
	不传递扭矩			过渡配合或过盈较小的过盈配合
有相对运动	只有移动			基本偏差为 H（h）、G（g）、间隙较小的间隙配合
	转动或与移动的复合运动			基本偏差为 A～F（a～f）、间隙较大的间隙配合

（2）根据配合部位具体的功能要求，通过查表、比照配合的应用实例以及参考各种配合的性能特征，选择较合适的配合。各种配合的性能特征分别见表 2-13 和表 2-14。

表 2-13 轴的基本偏差选用说明及应用

配合	基本偏差	特性及应用
间隙配合	a、b	可得到特别大的间隙，应用很少。例如，起重机吊钩的铰链、带榫槽的法兰盘推荐配合为 H12/b12
	c	可得到很大的间隙，一般适用于缓慢、松弛的动配合。用于工作条件较差（如农业机械）、受力变形，或为了便于装配而必须保证有较大的间隙时，推荐配合为 H11/c11。其较高等级的配合，如 H8/c7，适用于轴在高温工作的紧密配合，例如内燃机排气阀和导管

配合	基本偏差	特性及应用
间隙配合	d	一般用于 IT7～IT11 级，适用于松的转动配合，如密封盖、滑轮、空转皮带轮等与轴的配合；也适用于大直径滑动轴承的配合，如球磨机、轧钢机等重型机械的滑动轴承
	e	多用于 IT7～IT9 级，通常用于要求有明显间隙，易于转动的支承配合，如大跨距支承、多支点支承等配合。高等级的 e 轴也适用于大的、高速重载的支承，如涡轮发电机、大型电动机及内燃机的主要轴承、凸轮轴轴承等的配合
	f	多用于 IT6～IT8 级的一般转动配合，当温度影响不太大时，被广泛用于普通润滑油（或润滑脂）润滑的支承，如齿轮箱、小电动机、泵等的转轴与滑动轴承的配合
	g	配合间隙很小，制造成本很高，除了很轻负荷的精密机构外，一般不用作转动配合。多用于 IT5～IT7 级，最适合不回转的精密滑动配合，也用于插销等定位配合，如精密连杆轴承、活塞及滑阀、连杆销、钻套与衬套、精密机床的主轴与轴承，以及分度头轴颈与轴的配合等。例如，钻套与衬套的配合为 H7/g6
	h	配合的最小间隙为零，用于 IT4～IT11 级，广泛用于无相对转动的零件，作为一般定位配合。若无温度、变形影响，也用于精密滑动配合。例如，车床尾座体孔与顶尖套筒的配合为 H6/h5
过渡配合	js	平均间隙较小的配合，多用于 IT4～IT7 级，要求间隙比 h 轴小，并允许稍有过盈的定位配合，如联轴器可用手或木槌装配
	k	平均间隙接近零的配合，适用于 IT4～IT7 级，推荐用于稍有过盈的定位配合，例如为了消除振动用的定位配合，一般用木槌装配
	m	平均过盈较小的过渡配合，适用于 IT4～IT7 级，用于精密定位的配合，如涡轮的青铜轮缘与轮毂的配合为 H7/m6。一般可用木槌装配，但在最大过盈时要求有相当大的压入力
	n	平均过盈比 m 轴稍大，很少得到间隙，适用于 IT4～IT7 级，用锤或压力机装配，拆卸较困难
过盈配合	p	与 H6 或 H7 孔配合时是过盈配合，与 H8 孔配合时为过渡配合。对非铁制零件，为较轻的压入配合，当需要时易于拆卸；对钢、铸铁或铜、钢组件装配是标准压入配合。它主要用于定心精度很高、零件有足够的刚性、受冲击负荷的定位配合
	r	对铁制零件，为中等打入配合；对非铁制零件，为轻打入的配合，需要时可以拆卸。与 H8 孔配合，直径在 100 mm 以上时为过盈配合，直径小时为过渡配合
	s	用于钢铁件的永久或半永久接合，可产生相当大的接合力。当用弹性材料，如轻合金时，配合性质与铁制零件的 p 轴相当。例如，套环压装在轴上、阀座等的配合。当尺寸较大时，为了避免损伤配合表面，常需用热胀或冷缩法装配
	t、u、v、x、y、z	过盈量依次增大，一般不推荐。例如，联轴器与轴的配合 H7/t6

表 2-14 基孔制常用和优先配合的特征及应用

配合类别	配合代号		应用说明
	基孔制	基轴制	
间隙配合	H11/c11	C11/h11	间隙非常大，用于很松的、转动很慢的动配合；要求大公差与大间隙的外露组件；要求装配方便的很松的配合
	H9/d9	D9/h9	间隙很大的自由转动配合，用于精度为非主要要求，或有大的温度变化、高转速或大的轴颈压力时的配合
	H8/f7	F8/h7	间隙不大的转动配合，用于中等转速与中等轴颈压力的精确转动，也用于装配容易的中等定位配合
	H7/g6	G7/h6	间隙很小的滑动配合，用于不希望自由转动，但可自由移动和滑动并精密定位的配合，也可用于要求明确的定位配合
	H7/h6、H8/h7、H9/h9、H11/h11		均为间隙定位配合，零件可自由装拆，而工作时一般相对静止不动。在最大实体条件下的间隙为零，在最小实体条件下的间隙由公差等级决定

配合类别	配合代号		应用说明
	基孔制	基轴制	
过渡配合	H7/k6	K7/h6	用于精密定位的配合
	H7/n6	N7/h6	允许有较大过盈的更精密定位的配合
过盈配合	H7/p6	P7/h6	过盈定位配合，即小过盈配合，用于定位精度特别重要时，能以最好的定位精度达到部件的刚性及对中性要求，而对内孔承受压力无特殊要求，不依靠配合的紧固性传递摩擦负荷的配合
	H7/s6	S7/h6	中等压入配合，适用于一般钢件，或用于薄壁件的冷缩配合，用于铸铁件可得到最紧的配合
	H7/u6	U7/h6	压入配合，适用于可以承受高压入力的零件，或不易承受大压入力的冷缩配合

4. 各类配合的选择

依据配合部位的功能要求和各类配合的性能特征选择松紧合适的配合。

1）间隙配合的选择

间隙配合主要应用于孔与轴之间有相对运动及需要拆卸的无相对运动的配合部位。

2）过渡配合的选择

过渡配合主要应用于孔与轴之间有定心要求，而且需要拆卸的静连接（即无相对运动）的配合部位。

3）过盈配合的选择

过盈配合主要应用于孔与轴之间需要传递扭矩的静连接（即无相对运动）的配合部位。

5. 选择配合时的注意事项

配合类别确定后，若待定的配合部位与供类比的配合部位在工作条件上有一定的差异，则应对配合的松紧程度做适当的调整。

（1）工作时，若相接合的零件间有相对运动，则还应考虑其运动形式、运动速度、运动精度、支承数目、润滑条件等。一般情况，轴向移动比旋转运动需要的间隙小一些；对有正、反向运动的情况，为减少与避免过大的冲击和振动，间隙应小些；高速回转运动比低速回转运动要求间隙大些；当运动的准确性要求高或回转精度要求高时，间隙应小些；当支承数目较多时，为了补偿轴线的同轴度误差，间隙应大些；当润滑油的黏度较大时，间隙应稍大些。

（2）对于相接合的零件在工作时不允许有相对运动的情形，如果单纯靠接合面间的过盈来传递较大的扭矩或轴向力，则过盈应选大些；若不单纯靠接合面间的过渡而是靠附加的紧固件（键、销、螺钉等）来传递不大的扭矩，则过盈可小些；当所用材料的许用应力小时，过盈也应小些。

（3）当接合件之间定心精度要求高时，有相对运动的地方间隙应尽可能小；无相对运动的地方应尽量避免或减少间隙的出现，同时又不允许有太大的过盈。

（4）需要经常拆装零件的配合，如皮带轮与轴的配合要比不常拆装零件的配合松些。有的零件虽不经常拆装，但拆装困难，故也要选取较松的配合。

（5）对于过盈配合零件，承受动载荷要比承受静载荷的过盈大些；对于间隙配合，则动载荷零件配合间隙应小些。

（6）若零件上有配合要求的部位接合面较长，则由于受几何误差的影响，实际形成的配合会比接合面短的配合要紧些，所以在选择配合时应适当减小过盈或增大间隙。

（7）生产类型不同，对配合的松紧程度影响也不同。大批量生产时，多用调整法加工零件，加工后零件尺寸分布通常符合正态分布，即绝大多数零件的尺寸靠近公差带中点。而单件小批量生产时，多用试切法加工零件，加工后尺寸符合偏态分布，即绝大多数零件的尺寸靠近最大实体极限，如图2-23所示。因此，同一种配合的零件生产类型不同时，装配后的松紧程度也不同。

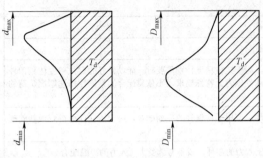

图2-23　偏态分布

（8）当装配温度与工作温度相差较大，特别是孔、轴温度相差较大或其线膨胀数差异较大时，应考虑热变形的影响，这对于高温或低温下工作的机器尤为重要。

（9）装配变形的影响，主要针对一些薄壁零件的装配。

任务实施

》 任务回顾

减速器的箱体孔、输入输出轴轴颈与轴承及大齿轮内孔与输出轴轴头的接合中，其配合质量和性质（如可动配合的松紧程度或不可动配合的紧固程度等）是由相互配合的轴和孔的公差带位置与大小决定的。根据所学知识，我们可知道如图2-24所示配合代号的含义以及配合的类型。

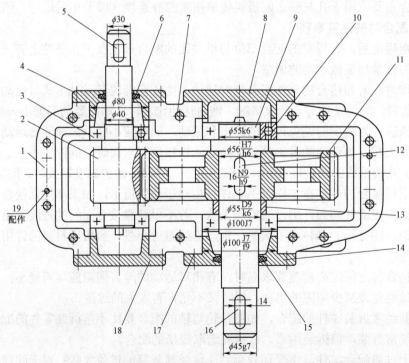

图2-24　齿轮减速器的结构示意图（接合面部分的俯视剖视图）

1—箱体；2—输入轴；3、10—轴承；4、8、14、18—端盖；5、12、16—键；6、15—密封圈；

7—螺栓；9—输出轴；11—大齿轮；13—套筒；17—垫片；19—定位销

任务实施

（1）确定减速器输出轴轴颈与大齿轮孔内径的配合。

分析：为了保证该对齿轮正常传递运动和转矩，要求齿轮在减速器中装配位置正确，以便于正常啮合、减小磨损、延长使用寿命。因此，$\phi 56\,mm$ 输出轴轴颈与齿轮孔的配合有以下要求。

① 定心精度。$\phi 56\,mm$ 输出轴的轴线与齿轮孔轴线的同轴度要高，即 $\phi 56\,mm$ 输出轴与齿轮孔之间要求同心（对中），而且配合的一致性要高。

因为输入轴上齿轮与带孔齿轮的相对位置是由输入轴与轴承、输出轴与轴承、轴承与箱体孔的配合及箱体上轴承孔轴线的相对位置来确定的，所以 $\phi 56\,mm$ 输出轴与齿轮孔的配合在很大程度上决定齿轮在箱体内的空间位置精度。

② $\phi 56\,mm$ 输出轴与齿轮孔之间无相对运动，传递运动由键实现。

③ 应便于减速器的装配、拆卸和维修。

（2）根据上述分析选择配合。

① 基准制的选择。输出轴与齿轮均是非标准件，属于一般场合，应选择基孔制，即孔的基本偏差代号为 H。

② 尺寸公差等级的选择。$\phi 56\,mm$ 齿轮孔的尺寸公差等级是依据齿轮齿面精度等级确定的。由于齿面精度等级最高级为 7 级，故孔的公差等级为 IT7。

$\phi 56\,mm$ 输出轴轴颈的公差等级按照工艺等价原则选择 IT6。

③ 基本偏差的选择。根据 $\phi 56\,mm$ 输出轴与齿轮孔的配合要求，它们之间应无相对运动，有精确的同轴度要求，并由键传递转矩，且需要拆卸等。

首先确定配合的大致类别。由表 2–12 可知，选择"基本偏差代号为 h 的间隙配合加紧固件"，即 $\phi 56\,mm$ 输出轴与齿轮孔的配合代号为 56H7/h6，它们是由基准件组成的，既是基孔制，也是基轴制，它是优先选用的配合。$\phi 56\,mm$ 输出轴与齿轮孔的配合如图 2–25 所示。

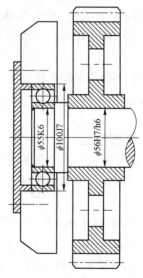

图 2–25 $\phi 56\,mm$ 输出轴与齿轮孔的配合

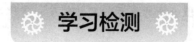 **学习检测**

◇ **思考题**

1. 何谓极限尺寸和实际尺寸？二者关系如何？

2. 何谓标准公差与基本偏差？二者各自的作用是什么？

3. 何谓配合？间隙配合、过盈配合和过渡配合各适用于什么场合？

4. 何谓基准值？当公称尺寸相同时，如何判断孔、轴配合性质的异同？

5. 配合基准值的选择原则是什么？孔、轴配合公差等级的选择原则是什么？

6. 已知轴的公称尺寸为 $\phi50$ mm，公差等级为 7 级，基本偏差代号为 f，写出公差带代号，并查出极限偏差值，画出公差带图。

7. 已知图样标注孔、轴配合，孔 $\phi30^{+0.033}_{0}$ mm，轴 $\phi30^{+0.029}_{+0.008}$ mm，作出配合的尺寸公差带图，计算孔、轴极限尺寸及配合的极限间隙或极限过盈，判断配合性质。

》 填空题

1. 孔和轴的公差带由_____决定大小，由_____决定位置。

2. $\phi60G7$ 中 $\phi60$ 表示_____，字母 G 表示_____，数字 7 表示_____。

3. 已知基本尺为寸 $\phi50$ mm 的轴，其最小极限尺寸为 $\phi49.98$ mm，公差为 0.01 mm，则它的上偏差为_____，下偏差为_____。

4. 国家标准对孔与轴的公差带之间的相互关系，规定了两种配合制度，即_____和_____。

5. $\phi45^{+0.005}_{0}$ mm 孔的基本偏差数值为_____mm，$\phi50^{-0.050}_{-0.112}$ mm 轴的基本偏差数值为_____mm。

6. 国标对一般公差规定了四个等级，即_____、_____、_____和_____。

7. 孔和轴各有_____个基本偏差，代号用拉丁字母表示，大写表示_____的基本偏差代号，小写表示_____的基本偏差代号。

8. 同一尺寸段内，尽管公称尺寸不同，但是只要公差等级_____，其标准公差值就相同。

9. 在公称尺寸相同的情况下，公差等级_____，公差值越大。

10. 基准孔的_____尺寸等于其公称尺寸，而基准轴的_____尺寸等于其公称尺寸。

》 判断题

1. 尺寸公差与尺寸偏差一样可以为正值、负值和零。　　　　　　　（　　）

2. 标准公差数值相等时，其加工精度不一定相同；而公差等级相同时，其加工精度一定相同。　　　　　　　　　　　　　　　　　　　　　　　　　　（　　）

3. 由 JS 和 js 组成的公差带的位置，在各公差等级中完全对称于零线。（　　）

4. 基准孔和基准轴都是以下偏差作为基本偏差的。　　　　　　　（　　）

5. 一个非基准轴和两个孔组成不同性质的配合时，必定有一个配合为混合制配合。（　　）

6. 上极限偏差一定大于下极限偏差。　　　　　　　　　　　　　（　　）

7. 在两个标准公差中，数值小的所表示的尺寸精度一定比数值大的所表示的尺寸精度低。（　　）

8. 对于轴的基本偏差，a~h 为上极限偏差 es，除 h 的 es=0，其余小于零。（　　）

9. 基准轴的下极限偏差为负值，上极限偏差为零，因而其公差带位于零线下方。（　　）

10. 采用基孔制配合一定比采用基轴制配合的加工经济性好。　　　（　　）

11. 尺寸偏差是代数差，因而尺寸偏差可为正值、负值或零。　　　（　　）

12. 公差等级相同，零件精度便相同。　　　　　　　　　　　　　（　　）

13. 选用公差带时，应按照常用、优先、一般公差带的顺序选取。　　　　　（　　）

14. 由公差数值的大小便可判断零件精度的高低。　　　　　　　　　　　　（　　）

15. 孔的基本偏差即下偏差，轴的基本偏差即上偏差。　　　　　　　　　　（　　）

16. 基本偏差决定公差带的位置。　　　　　　　　　　　　　　　　　　　（　　）

17. 配合代号是由孔公差带代号和轴公差带代号按分数的形式组合而成的。　（　　）

》 计算题

1. 设某配合的孔径为 $\phi 15^{+0.027}_{0}$ mm、轴径为 $\phi 15^{-0.016}_{-0.034}$ mm，试分别计算：

（1）孔和轴的极限尺寸和尺寸公差，并绘制各自的公差带图。

（2）绘制配合公差带图，判断配合类型，并计算极限盈隙和配合公差。

2. 设某配合的孔径为 $\phi 80^{+0.030}_{+0.010}$ mm、轴径为 $\phi 80^{+0.010}_{-0.010}$ mm，试分别计算：

（1）孔与轴的极限尺寸和尺寸公差，并绘制各自的公差带图。

（2）绘制配合公差带图，判断配合类型，并计算极限盈隙和配合公差。

3. 公称尺寸为 $\phi 100$ mm 的基孔制配合，已知其配合公差 $T_f = 0.045$ mm，轴的下偏差 $ei = -0.030$ mm，孔的上极限尺寸 $D_{max} = 60.025$ mm。问：轴的精度高还是孔的精度高？试分别写出孔轴的公差带标注形式，并求此配合的极限盈隙。

4. 公称尺寸为 $\phi 100$ mm 的基孔制配合，已知其配合公差 $T_f = 0.040$ mm，轴的下偏差 $ei = -0.020$ mm，孔的上极限尺寸 $D_{max} = 60.025$ mm。问：轴的精度高还是孔的精度高？试分别写出孔轴的公差带标注形式，并求此配合的极限盈隙。

项目三 测量技术基础与光滑尺寸检测

测量技术研究的基本问题是：选择经济合理的测量方法和测量器具，科学地对工件进行测量并正确地处理测量结果，按照测量精度评定测量值。

任务一 正确使用测量器具

 任务描述与要求

测量技术不但是机械加工领域常用的技术手段，它在设计领域和反求工程中亦起着至关重要的作用。常用的测量器具有游标卡尺、千分尺、百分表和量块等。

本任务要求能够正确使用各种测量器具，对测量得到的数值进行正确地读取。

1. 知识要求

（1）熟悉量具的种类，掌握常用量具的结构及测量原理。

（2）熟悉测量误差的有关术语，掌握误差的处理方法。

2. 技能要求

（1）合理地选用量具，能够熟练地测量零件。

（2）能够正确处理测量数据，检验零件的合格性。

任务引入

机械测量实训室接到校外某工厂送来的一批相同规格的阶梯轴和轴套，现在需要对这批零件进行检测，以检验其是否合乎尺寸的加工精度要求，如图3-1所示。

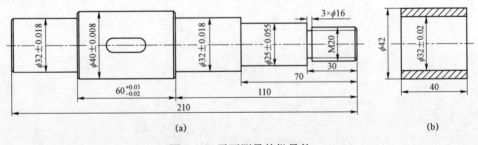

图3-1 需要测量的批量件

（a）阶梯轴；（b）轴套

技术要求：

（1）未注倒角 C0.5。

（2）未注圆角 $R1$。

（3）未注尺寸公差按 IT4 加工。

测量任务：要求测量基本尺寸分别为 $\phi 25$ mm、$\phi 32$ mm、$\phi 40$ mm 的轴径，$\phi 32$ mm 的孔内径和长度基本尺寸为 60 mm 的带键槽轴肩的长度。依据图样给出的尺寸精度要求判别实际零件的合格性。

 任务知识准备

一、有关测量的基本概念

1. 测量的概念

测量是为了得到被测零件几何量的量值而进行的实验过程，其实质是将被测几何量 L 与作为计量单位的标准量 E 进行比较，从而获得两者比值 q 的过程，即 $L=qE$。

在测量技术领域和技术监督工作中，还经常用到检验和检定两个术语。

检验是确定被检零件几何量是否在规定的极限范围内，从而判断其是否合格的实验过程。检验通常用量规、样板等专用定值无刻度量具来判断被检对象的合格性，所以它不能得到被测量的具体数值。

检定是指为评定计量器具的精度指标是否合乎该计量器具的检定规程的全部过程。例如，用量块来检定千分尺的精度指标等。

2. 测量的基本要素

一个完整的几何量测量过程包括被测对象、计量单位、测量方法和测量精度等 4 个要素。

被测对象：在几何量测量中，被测对象是指长度、角度、表面粗糙度、几何误差等。

计量单位：用以度量同类量值的标准量。

测量方法：指测量原理、测量器具和测量条件的总和。

测量精度：指测量结果与真值一致的程度。

3. 测量技术的基本要求

测量技术的基本要求是：在测量的过程中，保证计量单位的统一和量值准确；将测量误差控制在允许的范围内，以保证测量结果的精度；正确、经济合理地选择计量器具和测量方法，保证一定的测量条件。

二、长度单位、基准和量值传递

1. 长度单位和基准

1）长度单位

在国际单位制及我国法定计量单位中，长度的基本单位名称是"米"，其单位符号为"m"。工程单位为 mm、μm。

$$1 \text{ m} = 1\ 000 \text{ mm}, \ 1 \text{ mm} = 1\ 000 \text{ μm}$$

"米"的定义于 18 世纪末始于法国，当时规定"米等于经过巴黎的地球子午线的四千万分之一"。19 世纪，"米"逐渐成为国际通用的长度单位。1889 年，在法国巴黎召开了第一届国际计量大会，从国际计量局订制的 30 根米尺中选出了作为统一国际长度单位量值的一根米尺，把它称为"国际米原器"。

2）基准

基准单位为"米"。1 m 是光在真空中 1/299 792 458 s 的时间间隔内所经过的行程长度。

2. 量值传递系统

经过中间基准将长度基准逐级传递到生产中使用的各种计量器具上，即形成量值传递系统。我国量值传递系统如图 3-2 所示，从最高基准谱线开始，通过两个平行的系统向下传递。

3. 量块

量块也叫块规，它是保持度量统一的工具，在工厂中常作为长度基准，是无刻度的平面平行端面量具。量块除了作为标准器具进行长度量值传递之外，还可以作为标准器具来调整仪器、机床或直接检测零件。

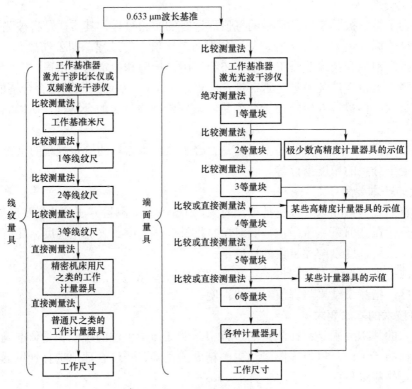

图 3-2　我国量值传递系统

1）量块的材料、形状和尺寸

量块通常用线膨胀系数小、性能稳定、耐磨、不易变形的材料制成，如铬锰钢等，其形状有长方体和圆柱体两种，常用的是长方体（长方体：有上、下两个经过精密加工的很平、很光的工作面称为上、下测量表面和四个非测量面），如图 3-3 所示。量块的工作尺寸是指中心长度，即从一个测量面上的中心至该量块另一测量面相研合的辅助体表面（平晶）之间的距离。

2）量块的精度等级

根据 GB/T 6093—2001 的规定，量块按制造精度分为 00、0、1、2、3 和 K 级共六级，00 级最高，3 级最低，K 级为校准级，主要根据量块长度极限偏差、测量面的平面度、粗糙度及量块的研合性等指标来划分。

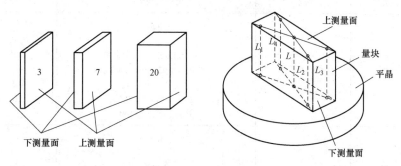

图 3-3　量块
L_i—量块长度；L—中心长度

量块生产企业大多按"级"向市场销售量块。用量块长度极限偏差（中心长度与标称长度允许的最大误差）控制一批相同规格量块的长度变动范例；用量块长度变动量（量块最大长度与最小长度之差）控制每一个量块两测量面间各对应点的长度变动范围，用户则按量块的标称尺寸使用量块。按"级"使用时，以标记在量块上的标称尺寸作为工作尺寸，因此，按"级"使用量块必然受到量块长度制造偏差的影响，将把制造误差代入测量结果。

国家计量局标准 JJG 146—2011 对量块按检定精度分为 5 等，即 1、2、3、4、5 等，其中 1 等精度最高，5 等精度最低。"等"主要依据量块中心长度测量的极限偏差和平面平行性允许偏差来划分。按"等"使用时，必须以检定后的实际尺寸作为工作尺寸，该尺寸不包含制造误差，但包含了检定时较小的测量误差。

量块在使用一段时间后，会因磨损而引起尺寸减小，使其原有的精度级别降低。因此，经过维修或使用一段时间后的量块，要定期送专业部门按照标准对其各项精度指标进行检定，确定符合哪一"等"，并在检定证书中给出标称尺寸的修正值。

例如：标称长度为 30 mm 的 0 级量块，其长度的极限偏差为 ±0.000 20 mm，若按"级"使用，不管该量块的实际尺寸如何，均按 30 mm 计，则引起的测量误差即为 ±0.000 20 mm。但是，若该量块经过检定后确定为 3 等，则其实际尺寸为 30.000 12 mm，测量极限误差为 ±0.000 15 mm。显然，按"等"使用，即尺寸为 30.000 12 mm 使用的测量极限误差为 ±0.000 15 mm，比按"级"使用测量精度高。

3）量块的特性和应用

量块的基本特性除上述的稳定性、耐磨性和准确性之外，还有一个重要的特性，即研合性。所谓量块的研合性，即量块的一个测量面与另一量块测量面或与另一经过精加工的类似量块测量面的表面，通过分子力的作用而相互黏合的性能，它是由于量块表面的粗糙度极低时，表面附着的油膜的单分子层的定向作用所致。

我国生产的成套量块有 91 块、83 块、46 块、38 块等。在使用量块时，为了减小量块组合的积累误差，应尽量减少使用块数，一般不超过 4 块。通常应根据所需尺寸的最后一位数字选择量块，每选择一块至少减少所需尺寸的一位小数。表 3-1 列出了部分套别量块的尺寸系列。

表 3-1 成套量块的尺寸表（GB/T 6093—2001）

套别	总块数	级别	尺寸系列/mm	间隔/mm	块数
1	91	00, 0, 1	0.5		1
			1	0.001	1
			1.001, 1.002, …, 1.009	0.01	9
			1.01, 1.02, …, 1.49	0.1	49
			1.5, 1.6, …, 1.9	0.5	5
			2.0, 2.5, …, 9.5	10	16
			10, 20, …, 100		10
2	83	00, 1, 2 (3)	0.5		1
			1		1
			1.005	0.01	1
			1.01, 1.02, …, 1.49	0.1	49
			1.5, 1.6, …, 1	0.5	5
			2.0, 2.5, …, 9.5	10	16
			10, 20, …, 100		10
3	46	0, 1, 2	1		1
			1.001, 1.002, …, 1.009	0.001	9
			1.01, 1.02, …, 1.09	0.01	9
			1.1, 1.2, …, 1.9	0.1	9
			2, 3, …, 9	1	8
			10, 20, …, 100	10	10
4	38	0, 1, 2 (3)	1		1
			1.005	0.01	1
			1.01, 1.02, …, 1.09	0.1	9
			1.1, 1.2, …, 1.0	1	9
			2, 3, …, 9	10	8
			10, 20, …, 100		10

例如，从 83 个一套的量块组中选取几个量块组成尺寸为 38.985 mm 的量块。选取步骤如下：

（1）第一个量块尺寸为 1.005 mm，38.985－1.005＝37.98（mm）；

（2）第二个量块尺寸为 1.48 mm，37.98－1.48＝36.5（mm）；

（3）第三个量块尺寸为 6.5 mm，36.5－6.5＝30（mm）；

（4）第四个量块尺寸为 30 mm，30－30＝0（mm）。

即以上四块量块研合后的整体尺寸为 38.985 mm。

三、计量器具与测量方法的分类

计量器具是指能直接或间接测出被测对象量值的技术装置。

1. 计量器具的分类

1）计量器具的分类

根据计量器具的结构特点和用途，可以分为标准量具、极限量规、计量仪器和计量装置。

（1）标准量具。标准量具是指以一个固定尺寸复现量值的计量器具，又可分为单值量具和多值量具。单值量具只能复现几何量的单个量值，如量块、直角尺等；多值量具能够复现几何量在一定范围内一系列不同的量值，如线纹尺等。标准量具一般没有放大装置。

（2）极限量规。极限量规是指没有刻度的专用计量器具，用来检验工件实际尺寸和形位误差的综合结果。量规只能判断被测工件是否合格，而不能获得微测工件的具体尺寸数值，如光滑极限量规、螺纹量规等。

（3）计量仪器。计量仪器是指将被测量值转换成可直接观测的指示值或等效信息的计量器具。其特点是一般都有指示、放大系统。

（4）计量装置。计量装置是指为确定被测量值所必需的测量器具和辅助设备的总体，它能够测量较多的几何参数和较复杂的工件，如连杆和滚动轴承等。

2）计量器具的技术参数指标

计量器具的技术参数指标既反映了计量器具的功能，也是选择、使用计量器具的依据。计量器具的技术参数指标如下。

（1）分度间距（刻度间距）。分度间距是计量器具的刻度标尺或度盘上两相邻刻线中心之间的距离，一般为 1～2.5 mm。

（2）分度值（刻度值）。分度值是指计量器具的刻度尺或分度盘上相邻两刻线所代表的量值之差。例如，千分尺的微分套筒上相邻两刻线所代表的量值之差为 0.01 mm，即分度值为 0.01 mm。一般来说，分度值越小，计量器具的精度越高。

（3）示值范围。示值范围指计量器具所显示或指示的最小值到最大值的范围。

（4）测量范围。测量范围指在允许的误差内，计量器具所能测出的最小值和最大值的范围。

（5）示值误差。示值误差指计量器具上的示值与被测量真值的代数差。示值误差可从说明书或检定规程中查得，也可通过实验统计确定。一般来说，示值误差越小，计量器具的精度越高。

（6）灵敏度。灵敏度指计量器具对被测量变化的反应能力。一般来说，分度值越小，灵敏度越高。

（7）修正值。修正值是指为消除系统误差，加到未修正的测量结果上的代数值。修正值与示值误差的绝对值相等而符号相反。

（8）测量重复性。测量重复性是指在测量条件不变的情况下，对同一被测几何量进行多次测量时（一般 5～10 次），各测量结果之间的一致性。

（9）不确定度。不确定度是指由于测量误差的存在而对被测几何量的真值不能肯定的程度，它也反映了计量器具精度的高低。

2. 测量方法的分类

测量方法是指获得测量值的方式，可从不同角度进行分类。

1）按实测几何量与被测几何量的关系分类

（1）直接测量。直接测量是指直接通过计量器具获得被测几何量量值的测量方法，如用游标卡尺直接测量圆柱体直径。

（2）间接测量。间接测量是指先测量出与被测几何量有已知函数关系的几何量，然后通过函数关系计算出被测几何量的测量方法。例如，因为条件所限，在不能直接测量轴径时，可用一段绳子先测出周长，再通过关系式计算出轴径的尺寸。

2）按指示值是否是被测几何量的量值分类

（1）绝对测量。绝对测量是指能够从计量器具上直接读出被测几何量的整个量值的测量方法。例如，用游标卡尺、千分尺测量轴径，轴径的大小可以直接读出。

（2）相对测量。相对测量是指计量器具的指示值仅表示被测几何量对已知标准量的偏差，而被测几何量的量值为计量器具的指示值与标准量的代数和的测量方法。例如，用机械比较仪测量轴径，测量时先用量块调整测量仪的零位，然后对被测量进行测量，该比较仪指示出的示值为被测轴径相对于量块尺寸的偏差。一般来说，相对测量的测量精度比绝对测量的测量精度高。

3）按测量时被测表面与计量器具的测头之间是否接触分类

（1）接触测量。接触测量是指计量器具在测量时测头与零件被测表面直接接触，即有测量力存在的测量方法。例如，用游标卡尺、千分尺测量工件，用立式光学比较仪测量轴径。

（2）非接触测量。非接触测量是指测量时计量器具的测头与零件被测表面不接触，即无测量力存在的测量方法。例如用光切显微镜测量表面粗糙度，用气动量仪测量孔径。

对于接触测量而言，由于有测量力的存在，会使被测表面和计量器具有关部分产生弹性变形，从而产生测量误差，而非接触测量则无此影响。

4）按工件上同时被测几何量的多少分类

（1）单项测量。单项测量是指分别测量同一工件上各单项几何量的测量方法，如分别测量螺纹的螺距、中径和牙型半角。

（2）综合测量。综合测量是指同时测量工件上几个相关几何量，以判断工件的综合结果是否合格的测量方法。例如，用齿距仪测量齿轮的齿距累积误差，实际上反映的是齿轮公法线长度变动和齿圈径向跳动两种误差的综合结果。

一般来说，单项测量结果便于工艺分析，综合测量适用于只要求判断合格与否，而不需要得到具体测量值的场合。此外，综合测量的效率比单项测量的效率高。

5）按决定测量结果的全部因素或条件是否改变分类

（1）等精度测量。等精度测量是指在测量过程中，决定测量结果的全部因素或条件都不改变的测量方法。

例如，由同一个人，在计量器具、测量环境、测量方法都相同的情况下，对同一个被测对象自行进行多次测量，可以认为每一个测量结果的可靠性和精确度都是相等的。为了简化对测量结果的处理，一般情况下采用等精度测量方法。

（2）不等精度测量。不等精度测量是指在测量过程中，决定测量结果的全部因素或条件可能完全改变或部分改变的测量方法。例如，用不同的测量方法和不同的计量器具，在不同的条件下，由不同人员对同一个被测对象进行不同次数的测量，显然，其测量结果的可靠性和精确度各不相等。由于不等精确度测量的数据处理比较麻烦，因此只用于重要的高精度测量。

四、常用计量器具的基本结构与工作原理

1. 游标类量具

1）定义

利用游标读数原理制成的量具称为游标类量具，如图 3-4（a）所示，包括普通游标卡尺、深度游标卡尺、高度游标卡尺和角度游标卡尺等。

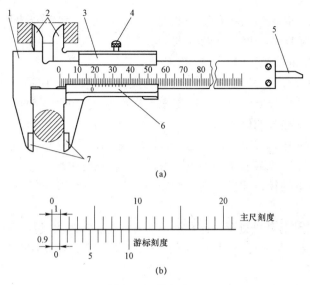

图 3-4 游标卡尺

1—尺身；2—内测量爪；3—游标尺；4—紧固螺钉；5—深度尺；6—副尺；7—外测量爪

2）卡尺结构

卡尺主要由主尺和副尺（游标）等组成。主尺为一条刻有刻度的直尺，副尺为游标，如图 3-4（b）所示。

3）游标的读数原理

主尺上刻线的间隔为 $a=1$ mm，游标上的刻线间隔为 $b=0.9$ mm，故主副尺刻线间距差为 $i=a-b=0.1$ mm。若游标移动一个间距 b，则与主尺间就产生 0.1 mm 的差值，此值即为分度值。读数：整数部分读主尺，小数部分读游标。

游标卡尺使用方法

新型的卡尺为读数方便，装有测微表头或配有电子数字显示器，如图 3-5 和图 3-6 所示。

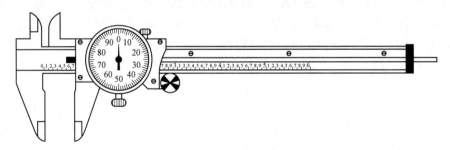

图 3-5 带表游标卡尺

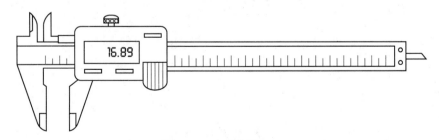

图 3-6 电子数显卡尺

注意：游标上的一条刻线与主尺上的线对齐，则小数值为游标刻线条数与分度值 i 的乘积（条数×i）。此例为 1/10 分尺，其余类推。

4）用游标卡尺测量轴径步骤

（1）根据轴径的公称尺寸和公差大小选择与测量范围相当的游标卡尺。擦拭游标卡尺两量爪的测量面，将两量爪测量面合拢，检查读数是否为 0，如果不是 0，应记下零位的示值误差，取其负值作为测量结果的修正值。

（2）擦净被测轴的表面，用游标卡尺测量面卡紧被测轴的外径，注意不要卡得太紧，但也不能松动，当上下试移动时，以手感到有一点阻力为宜。特别要注意一定要卡在轴的直径部位。

（3）三个截面测量轴径，注意各截面均要按互相垂直的方向进行测量，这样即得到 6 个测量的读数。

（4）对 6 个读数进行数据处理，比较简单的方法是去掉最大读数和最小读数，再取余下的几个读数的平均值，并以第（1）步中所得的修正值进行修正，从而获得最终测得的轴径尺寸。

2. 螺旋测微类量具

1）定义

利用螺旋副运动原理制成的量具叫测微量具。测微量具包括外径千分尺、内径千分尺、深度千分尺、螺纹千分尺和公法线千分尺等，图 3-7 所示为外径千分尺。

2）结构

千分尺主要由尺架、测砧、测微螺杆、微分筒和测力装置等组成。

千分尺的读数原理

3）读数原理

千分尺的测微螺杆螺距为 0.5 mm，测量时微分筒转一周，测微螺杆轴向移动一个螺距，而微分筒一周分为 50 等份，即微分筒转动一小格，螺杆移动 0.5/50 mm，即 0.01 mm，此为分度值 i，再利用主尺（测杆）上的刻线记录所走路程，故读数为：整数读测杆上的主刻线，小数部分为微分筒的格数与 i 的乘积。又因转一周只能移动 0.5 mm，而主尺上刻线间距为 1 mm，故在主尺的水平刻线下方再刻上与上方两刻线对中的一条刻线，即将上面的 1 mm 两等分，每份为 0.5 mm。最后千分尺读数为：主尺刻度＋微分筒格数×i 或主尺刻度＋0.5 mm＋微分筒格数×i 两种。

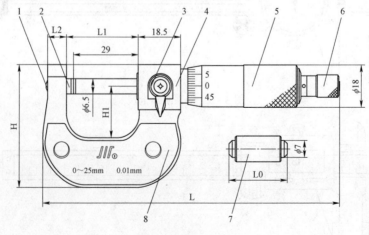

图 3-7 外径千分尺

1—堵头；2—测砧；3—锁紧装置；4—尺架；5—测微头；6—测力装置；7—校对量杆；8—隔热护板

注意：0.01 mm 分度值的千分尺每 25 mm 为一规挡，应根据工件尺寸大小选择千分尺规格，使工件尺寸在其测量范围之内。

4）用外径千分尺测量轴径的步骤

（1）先按被测轴图上的设计公称尺寸和公差大小选择适当规格的千分尺。

（2）将千分尺测量面合拢，校对读数是否为 0，若不是 0，则应记下零位时的示值误差，取负值为修正值。

（3）对测量范围大于 25 mm 的千分尺，用校对杆或量块对比所要测量的尺寸。

（4）将千分尺测量面与被测轴表面轻微接触，旋转右端棘轮，当听到"咯咯"声时即可读数，注意 0.5 mm 以内的读数，并将读数减去示值误差，即获得测量结果。

（5）轴的实际尺寸应在其验收极限尺寸范围内才算合格。

注意测量时要多测量几个截面的直径，然后做数据处理，确定测量结果。

3. 机械量仪

1）定义

机械量仪是应用机械传动件如齿轮、杠杆等，将测量杆的直线位移进行传动、放大，并由读数装置指示出来的量仪。其测量精度较高，结构简单，使用方便。

机械量仪主要用于长度的相对测量以及形状和相互位置误差的测量等。

2）百分表

百分表如图 3-8 所示，其主要由表盘、测量杆、测量头、指针和齿轮等组成。

作用：用于测量各类零件的线值尺寸、形状和位置误差，找正工件位置或者与其他仪器配套使用。

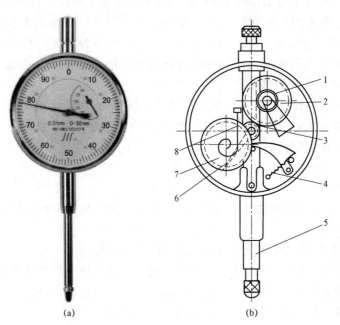

(a) (b)

图 3-8 百分表

（a）百分表实物图；（b）百分表内部结构

1—小齿轮；2，7—大齿轮；3—中间齿轮；4—弹簧；5—测量杆；6—指针；8—游丝；9—表盘；10—测量头

测量方法：测量时利用测量杆的上下移动带动齿轮转动，使指针转动指示读数。（此处需要添加微课视频－百分表使用视频）

百分表使用视频

3）内径百分表

内径百分表如图3-9所示。

（1）定义：它是利用相对测量法测内孔的一种量仪，有 0.01 mm 和 0.001 mm 两种。

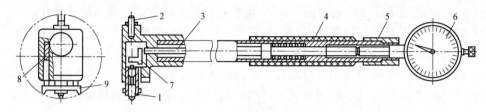

图3-9　内径百分表

1—活动测头；2—固定测头；3—传动杆；4—弹簧Ⅰ；5—百分表测杆；6—百分表；
7—等臂直角杠杆；8—弹簧Ⅱ（两只）；9—定心板

（2）结构：由表头、表杆和测头等部分组成。

（3）测量方法：当活动测量头1被压缩时，通过等臂杠杆推动推杆，使指示表表杆上下移动，带动指针转动，完成测量。

注意：使用时要进行校零。

杠杆百分表的用法

测量时，内径百分表测头先压进被测孔中，活动测头1的微小位移通过等臂直角杠杆7按1:1传递给传动杆3，使弹簧4压缩，并推动百分表6的测杆5，使百分表6的指针回转。弹簧4的反作用力使活动测头1从表座向外伸，对孔壁产生测量力。在活动测头1上套着定心板9，它在两只弹簧8的作用下始终对称地与孔壁接触。定心板9和孔壁两个接触点的连线与被测孔的直径线相互垂直，使活动测头1和固定测头2位于该孔的直径线上。

（4）工作原理：内径百分表采用相对测量法测量孔径。用标准环规或装在量块夹中量块组的尺寸作为标准尺寸来调零（标准环规或量块组的尺寸与被测工件的基本尺寸相同），然后用零位调整好的内径百分表进行测量，此时百分表的示值即为实际被测孔径对标准尺寸的偏差，则实际被测孔径为标准尺寸与该偏差之和。

（5）测量步骤：

① 选取标准环规或根据被测孔的基本尺寸选取数个量块并研合成量块组，将其装入量块夹中，构成标准尺寸。

② 根据被测孔的基本尺寸选取合适的固定测头并安装好。

③ 调零。将内径百分表的测头放入标准环规内（或量块夹的两量爪之间），安装时，先放入活动测头压紧定位板，然后放入固定测头。左右摆动量仪，找到指针的转折点，然后转动表盘将指针调零。如此反复多次，稳定零位。

④ 测量孔径。将调整好的内径百分表放入被测孔内，摆动量仪，观察并记录指针转折点的示值，被测孔径的实际尺寸为标准尺寸与该示值之和。

按任务要求对零件相应部位进行测量。

⑤ 根据零件精度要求，判断其合格性。

4）杠杆百分表

杠杆百分表如图 3-10 所示。杠杆百分表是将杠杆测头的位移通过机械传动系统转化为表针的传动，其分度值为 0.01 mm，示值一般为 0.4 mm。

杠杆百分表的外形及工作原理如图 3-10 所示，它是由杠杆、齿轮传动机构等组成的。将测量杆 5 的摆动，通过杠杆使扇形齿轮绕其轴摆，并带动与它相啮合的齿轮 1 转动，使固定在同一轴上的指针 3 偏转。

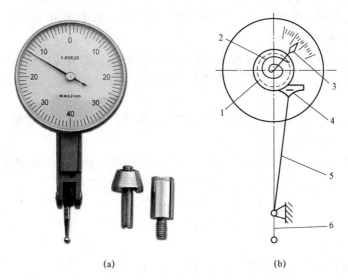

(a)　　　　　　　(b)

图 3-10　杠杆百分表的外形及工作原理

(a) 杠杆百分表实物；(b) 杠杆百分表工作原理

1—齿轮；2—扭簧；3—指针；4—扇形齿轮；5—测量杆；6—表夹头

由于杠杆百分表体积较小，故可将表身伸入工件孔内测量。杠杆的百分表测头可变换测量方向，使用方便，尤其是对测量或加工中小孔工件的找正，更突出其精度高、灵活的特点。

杠杆表在使用时，也需装夹于表座上，夹持部位为表夹头 6。

杠杆百分表的用法

4. 光学量仪

光学量仪是利用光学原理制成的量仪，有立式光学计和万能测长仪等。

1）立式光学计

立式光学计是利用光学杠杆的放大作用将测量杆的直线位移转换为反射镜的偏转，使反射光线也发生偏转，从而得到标尺影像的一种光学量仪，又称为立式光学比较仪。

2）万能测长仪

万能测长仪是利用光学系统和电气部分相结合的长度测量仪器。按测量轴的位置分，有立式测长仪、卧式测长仪、万能测长仪。立式测长仪用于测量外尺寸。卧式测长仪用于测量外尺寸、内尺寸、螺纹中径等。万能测长仪的测量原理是指被测工件的被测尺寸应处于仪器基准刻线尺的轴线的延长线上，以保证仪器的高精度测量。

任务实施

任务回顾

下面测量一组如图3-1所示阶梯轴的轴颈、轴肩长度及轴套内孔径等尺寸的精确长度，判断所测实物的加工尺寸是否符合图纸技术要求。

任务实施

1. 游标卡尺

（1）根据轴径的基本尺寸和公差大小选择与测量范围相当的游标卡尺。擦拭游标卡尺两量爪的测量面，将两量爪测量面合拢，检查读数是否为0，如不是0，应记下零位的示值误差，取其负值作为测量结果的修正值。

（2）擦净被测轴的表面，用游标卡尺测量面卡紧被测轴的外径，注意不要卡得太紧，但也不能松动，当上下试移动时，以手感到有一点阻力为宜。特别要注意一定要卡在轴的直径部位。

（3）三个截面测量轴径，注意各截面均要按互相垂直的方向进行测量，这样就得到6个测量面的读数。

（4）对6个读数进行数据处理，比较简单的方法是去掉最大读数和最小读数，再取余下的几个读数的平均值，并以第（1）步中所得的修正值进行修正，从而获得最终的轴径尺寸。

（5）游标卡尺用完后，应用纱布擦干净后放回量具盒中。

2. 外径千分尺

（1）测量前将被测零件擦干净，松开千分尺的锁紧装置，转动旋钮，使测砧与测微螺杆之间的距离略大于被测零件直径。

（2）一只手拿千分尺的尺架，将待测零件置于测砧与测微螺杆的端面之间，另一只手转动旋钮，当螺杆要接近被测零件时，旋转测力装置直至听到"咯咯"声。

（3）旋紧锁紧装置（防止移动千分尺时螺杆转动）即可读数。

（4）使用千分尺测同一轴径时，一般多测量几个截面的直径，取其平均值作为测量结果。

（5）千分尺用完后，应用纱布擦干净，在测砧与螺杆之间留出一点空隙，放入盒中。

3. 内径百分表

（1）选取标准环规或根据被测孔的基本尺寸选取数个量块并研合成量块组，将其装入量块夹中，构成标准尺寸。

（2）根据被测孔的基本尺寸选取合适的固定测头并安装好。

（3）调零。将内径百分表的测头放入标准环规内（或量块夹的两量爪之间），安装时，先放入活动测头，压紧定位板，然后放入固定测头。左右摆动量仪，找到指针的转折点，然后转动表盘，将指针调零。如此反复多次，稳定零位。

（4）测量孔径。将调整好的内径百分表放入被测孔内，摆动量仪，观察并记录指针转折点的示值，被测孔径的实际尺寸为标准尺寸与该示值之和。

按任务要求对零件相应部位进行测量。

（5）根据零件精度要求，判断其合格性。

◈ 测量结果

1. 游标卡尺测量结果（见表3-2）

表3-2 游标卡尺测量结果

_____测量（用游标卡尺）

测量仪器	名　称		分度值	测量范围
被测零件	名　称		公　差	
被测示意图				
测量记录				
测量结果	误　差			
	合格性结论		理　由	
班　级			姓　名	
审　阅			得　分	

2. 外径千分尺的测量结果（见表3-3）

表3-3 外径千分尺的测量结果

_____测量（用外径千分尺）

测量仪器	名　称		分度值	测量范围
被测零件	名　称		公　差	
被测示意图				
测量记录				
测量结果	误　差			
	合格性结论		理　由	
班　级			姓　名	
审　阅			得　分	

3. 内径百分表测量结果

（1）量仪规格及有关参数见表3-4。

表3-4　量仪规格及有关参数

测量仪器	名　称	分度值	示值范围	测量范围
被测零件	名称	基本尺寸及极限偏差	量块组中各量块尺寸	

（2）数据记录与处理见表3-5。

表3-5　数据记录与处理

测量部位简图	截面	方向	量仪示值/μm	实际尺寸/mm

（3）合格性判断。

 拓展阅读

拓　展　阅　读

拓展知识一　用立式光学比较仪测量轴颈

一、使用设备

（1）立式光学比较仪。

分度值：0.001 mm；

测量范围：180 mm；

示值范围：±0.1 mm。

（2）量块。

二、量仪介绍

1. 结构

立式光学比较仪的结构如图3-11所示，其主要由底座1、立柱7、横臂5、直角形光管12

和工作台 15 等组成，适用于外尺寸的精密测量。

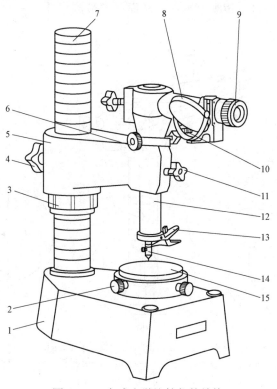

图 3-11　立式光学比较仪的结构

1—底座；2—工作台调整螺钉；3—横臂升降螺圈；4—横臂固定螺钉；5—横臂；6—细调螺旋；7—立柱；8—进光反射镜；
9—目镜；10—微调螺旋；11—光管固定螺钉；12—直角形光管；13—测杆提升器；14—测杆及测头；15—工作台

　　立柱 7 固定在底座 1 上，工作台 15 安装在底座 1 上，工作台 15 可通过四个调整螺钉 2 调节前后左右的位置，横臂升降螺圈 3 可使横臂 5 沿立柱上下移动，位置确定后，用横臂固定螺钉 4 固紧。直角形光管 12 插入横臂的套管中，其一端是测头 14，另一端是目镜 9。细调螺旋 6 可以调节光管做微量上下移动，调好后，用光管固定螺钉 11 固紧。微调螺旋 10 可调整棱镜，使其转过微小角度，从而改变刻线尺的影像位置，迅速调零。光管下端装有测杆提升器 13，其上有一螺钉可调节提升距离，以便适当安放被测零件。

　　立式光学比较仪的光学系统如图 3-12 所示。光线经进光反射镜 1、棱镜 9 照亮分划板 6 上的刻线尺 8（刻线尺上有 ±100 格的刻线，位于分划板的左半部），分划板 6 位于物镜 3 的焦平面上。当刻线尺 8 被照亮后，从刻线尺 8 发出的光束经直角转向棱镜 2、物镜 3 成为平行光束，射向平面反射镜 4，光束被平面反射镜 4 反射回来后，再经物镜 3、直角转向棱镜 2，在分划板的右半部形成刻线尺 8 的影像。如图 3-12（c）如所示，从目镜 7 可以观察到该影像和一条固定指标线。

2. 工作原理

　　立式光学比较仪的测量原理如图 3-13 所示，从物镜焦点 C 发出的光线经物镜后变成平行光束，投射到平面反射镜 P 上，若平面反射镜 P 垂直于物镜主光轴，则反射回来的光束成像点 C' 与焦点 C 重合，当测头感受到被测尺寸变化而上下移动时，可使测杆产生微小位移 s，推动平面反射镜转过角度 α，反射光束与入射光束的夹角为 2α，从而使刻线尺的影像 C'' 产生位移 L，该位移量 L 可通过目镜观察测得，从而测得被测尺寸。

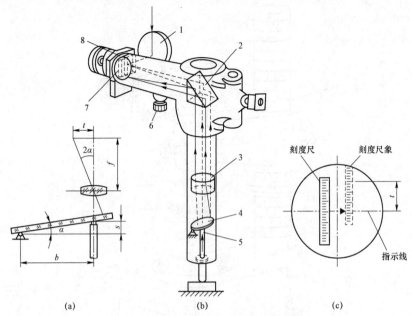

图 3-12 立式光学比较仪的内部结构

1—进光反光镜；2—直角转向棱镜；3—物镜；4—平面反射镜；5—微调螺旋；
6—分划板；7—目镜；8—刻线尺；9—棱镜

三、测量步骤

（1）选择测头并将其安装在测杆上。根据被测零件表面的几何形状来选择测头，使测头与被测表面形成点接触。测头有球形、平面形和刀刃形三种。测量平面或圆柱面零件时选用球形测头，测量球面零件时选用平面形测头，测量小圆柱面工件时选用刀刃形测头。

（2）根据被测零件的基本尺寸选取并组合量块。

（3）接通电源，调整工作台。如图 3-11 所示，通过四个工作台调整螺钉 2 调整工作台 15，使其与测杆 14 移动方向垂直。注意如果工作台 15 事先已调好，切勿拧动任何一个工作台调整螺钉 2。

（4）调整零位（图 3-11）

① 将量块组置于工作台 15 中央，并使测头 14 对准上测量面中央。

② 粗调。松开横臂固定螺钉 4，转动横臂升降螺圈 3，使横臂 5 缓慢下降，直到测头 14 与量块上测量面轻微接触，并在目镜 9 中看到刻线尺影像为止，然后将横臂固定

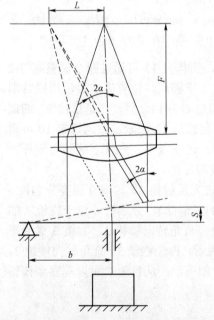

图 3-13 立式光学比较仪的测量原理

螺钉 4 拧紧。

③ 细调。松开光管固定螺钉 11，转动细调螺旋 6，直至在目镜 9 中观察到刻线尺影像与

固定指示线接近为止（±10 格以内），然后拧紧光管固定螺钉 11。

④ 微调。转动微调螺旋 10，使刻线尺的零线影像与指示线重合后用手指压下测杆提升器 13 不少于三次，使零位稳定，调零结束。

注意：若目镜中的指标线（虚线）观察不清，可依视力情况旋转目镜的调节环来调节视度；若刻线尺的影像不清，可旋转进光反射镜，使光线充分射入光管内，从而获得清晰的刻线尺影像。

（5）将测头 14 抬起，取下量块组，放入被测零件，按任务要求对相应部位进行测量，记录并处理数据。测量时，将被测轴缓慢前后移动，读取示值中的最大值（即刻线尺影像移动的返回点）。

（6）取下被测零件，再放上量块组复查零位，误差不得超过 ±0.5 μm。

（7）根据零件精度要求判断其合格性。

拓展知识二　用立式测长仪测量轴径

一、使用设备

使用设备是立式测长仪。

二、量仪介绍

1. 结构

立式测长仪的结构如图 3–14 所示，主要由支承装置、传动装置、测量和读数装置等三部分组成，适用于外尺寸的精密测量。

2. 工作原理

测长仪按照阿贝原则设计。它以一根精密刻线尺作为标准器，测量时将被测量与其对比，从而得出被测尺寸的量值。测长仪按照测量轴线位于铅垂方向或水平方向，分为立式测长仪和卧式测长仪。

螺旋读数装置如图 3–15 所示。图 3–15（a）所示为螺旋读数装置的光学系统。在目镜 1 中可以观察到毫米数值，测微目镜中有一个固定分划板 4，它的上面刻有 10 个相等间距的刻度，毫米刻度尺的一个间距成像在它上面时恰与这 10 个间距总长相等，故其分度值为 0.1 mm，示值范围为 0～1 mm。

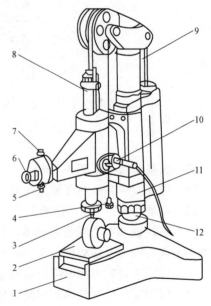

图 3–14　立式测长仪的结构

1—底座；2—工作台；3—测头；4—拉锤；5—手轮；
6—目镜；7—调整螺钉；8—测量主轴；9—钢带；
10—光源；11—支架；12—立柱

另还有一块通过手轮 2 可以旋转的平面螺旋线圆分划板 3，其上刻有 10 圈平面螺旋双刻线。螺旋双刻线的螺距与固定分划板 4 上的刻度间距相等，也为 0.1 mm。在圆分划板 3 的中央，有一圈等分为 100 格的圆周刻度。

当圆分划板 3 转动一格圆周分度时，其分度值为

$$\frac{0.1}{100} \times 1 \text{ mm} = 0.001 \text{ mm}$$

这种仪器的读数方法如下：从目镜中观察，可同时看到三种刻线（见图 3–15（b）），首

先转动手轮至某一螺旋双线对称地夹在视场中的毫米刻线内，先读毫米数（7 mm），然后按照毫米刻线在固定分划板 4 上的位置读出零点几毫米数（0.4 mm），再从指示线对准的圆周刻度线上读得微米数（0.051 mm）。所以从图 3–15（b）中读得的数值是 7.451 mm。

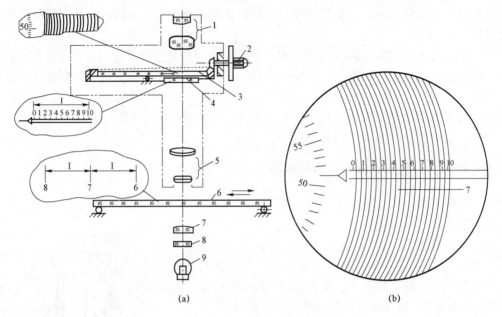

图 3–15　螺旋读数装置

1—目镜；2—手轮；3—圆分划板；4—固定分划板；5—物镜组；

6—精密刻线尺；7—透镜；8—光阑；9—光源

三、测量步骤（见图 3–14）

（1）选择测头并安装在测量主轴 8 上，转动目镜 6 调节环来调节视度。

（2）移动测量主轴 8，使测头 3 与工作台 2 接触。转动手轮 5，调整螺钉 7 调零。

（3）用拉锤 4 拉起测量主轴 8，将被测零件置于工作台 2 上，使测头与零件表面接触，在测头下前后地缓慢移动被测工件，找出毫米刻度尺的最大示值并读取数值。

（4）按任务要求对相应部位进行测量，记录并处理数据。

（5）根据零件精度要求判断其合格性。

拓展知识三　用卧式测长仪测量孔径

一、使用设备

（1）卧式测长仪。

（2）电眼装置。

二、量仪介绍

1. 结构

卧式测长仪的结构如图 3–16 所示，主要由底座 12、测座 2、工作台 5、尾座 7 等组成，另备有多种附件。卧式测长仪因其功能较多，故又称为万能测长仪。

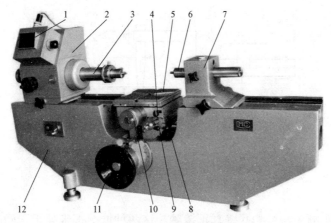

图 3-16 卧式测长仪的结构

1—目镜；2—测座；3—测量主轴；4—工作台绕垂直轴转动手柄；5—工作台；6—尾管；7—尾座；8—固定手柄；
9—工作台绕垂直轴转动手柄；10—工作台横向移动微分手轮；11—工作台升降手轮；12—底座

2. 工作原理

卧式测长仪的工作原理如图 3-17 所示，进行测量时，被测长度与测座中标准刻线尺基准轴线处在同一条直线上（符合阿贝原则），以尾座测头瞄准定位，以测座测头作为活动测量点，测座测头随被测长度变化而移动，移动量值通过装在测座上的读数装置读出。

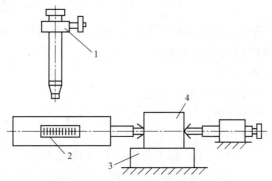

图 3-17 卧式测长仪的工作原理

1—读数显微镜；2—刻线尺；3—工作台；4—被测工件

卧式测长仪采用螺旋读数装置，其原理、方法皆与立式测长仪相同。

电眼法测量孔径的工作原理如图 3-18 所示。电眼法测量孔径是使用万能测长仪的附件之一——电眼装置来进行的，它利用装置上的测头进行绝对测量。电眼指示器的作用在于显示瞄准状态。

测量前，先将被测工件安放在绝缘工作台上，将带有球形测头的测钩装在仪器测杆上。测量时先将测头伸入被测孔内（深度一般在 15 mm 以内），并与被测孔壁接触，用寻找转折点法使测量轴线处于被测孔的直径位置上，然后利用粗调、微调装置先后使测头与被测孔的两壁"接触"（以电眼闪烁为准），并分别记下两次读数。两次读数之差加上球形测头直径即为被测孔径。

电眼法测量中，瞄准必须以电眼闪烁为准。电眼不亮，说明测头与被测孔壁未接触；电

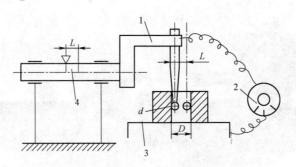

图 3-18 电眼法测量孔径的工作原理

1—测臂；2—电眼；3—绝缘工作台；4—刻线尺

眼亮但不闪烁，说明测头与被测孔壁真正接触。这两种情况都未处于正确的瞄准状态，不能读数。只有电眼闪烁时，测头与被测孔壁之间存在微小的放电间隙（0.7～1.1 μm），这才是正确的瞄准点。因此，电眼法测量是非接触测量。仪器出厂时，已将放电间隙量考虑在球形测头的直径之内，测量时不用修正。

三、测量步骤

（1）安装孔径测量的专用附件包括电眼指示器、绝缘工作台、测臂和球形测头。

① 将电眼指示器插入孔座中，将插头接入仪器线路中。

② 将绝缘工作台固定在万能工作台上，并调到水平（见水平气泡）位置，再把另一线头插入绝缘工作台孔中。

③ 把选好的已知其精确尺寸的球形测头装在测臂上，然后把测量臂装在测杆上，并使水平气泡位于中央，测头可以向上或向下安装。

（2）调整测座和测杆的位置。

① 把测座移至底座左边居中位置并紧固。

② 松开螺钉，移动测杆位置。

（3）安装工件及调整测量中心。

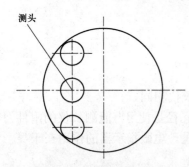

图 3-19 调整测量中心

① 将工件安放在绝缘工作台上，然后用夹子夹紧。移动测杆使测头偏左，再上升工作台使测头伸入孔内 15 mm 处，然后固定测杆。

② 转动测座上的标记手柄，使红点对着操作者，然后转动螺旋，使工作台横向移动，同时观察电眼，当电眼闪烁时记下读数，再反转螺旋，至电眼闪烁，记下第二个读数。这两次读数的平均值就是工件孔径测量线上的一点，把螺旋固定在平均值位置上，如图 3-19 所示。

（4）测量孔径。旋转标记手柄，使黑点对着操作者，然后移动测杆，使测头离开工件 0.5 mm，再反转标记手柄，使红点对着操作者，然后转动微调手轮，使测头移向孔壁一侧，电眼闪烁时，在目镜中读取第一次数值。同样方法，使测头移向孔壁另一侧，当电眼闪烁时，在目镜中读取第二次数值。两次读数之差加上测头直径，就是被测孔径，如图 3-18 所示。

（5）根据零件精度要求判断其合格性。

任务二 分析测量误差与进行数据处理

 任务描述与要求

任务通过了解误差的概念及产生的原因，学习误差的分类方法，了解测量精度的概念，掌握随机误差的数据处理方法。

1. 知识要求

（1）熟悉测量误差的有关术语及产生的原因。

（2）掌握误差的数据处理方法。

2. 技能要求

能够正确处理测量数据，检验零件的合格性。

 任务引入

对某一轴的直径进行 15 次等精度测量，按测量顺序各测得值依次为：

34.959　34.955　34 958　34.957　34.959　4.956　34.957　34.958

34.955　34.957　34.959　34.955　34.956　34.957　34.958

请分析误差产生的原因，正确处理数据，确定测量结果。

 任务知识准备

一、测量误差及产生原因

1. 测量误差概念

测量误差是指在测量时，测量结果与真值之间的差异。测量误差可以用绝对误差和相对误差来表示。

（1）绝对误差。绝对误差是指被测几何量的测得值（即仪表的指示值）与其真值之差，即

$$\delta = x - x_0 \qquad\qquad (3-1)$$

式中：δ——绝对误差；

　　　x——测得值；

　　　x_0——被测量的真值。

由于测得值 x 可能大于或小于真值，所以绝对误差 δ 可能是正值也可能是负值。因此，真值可用下式表示：

$$x_0 = x \pm |\delta| \qquad\qquad (3-2)$$

按照式（3-2），可用测得值 x 和测量误差 δ 来估算真值 x_0 所在的范围，所以测量误差的绝对值越小，说明测得值越接近真值，因此测量精度就高。反之，测量精度就低。但是对于不同的被测几何量，绝对误差就不能说明它们测量精度的高低。例如，用某测量长度的量仪

测量 50 mm 的长度，绝对误差为 0.005 mm；用另一台量仪测量 500 mm 的长度，绝对误差为 0.02 mm。这时就不能用绝对误差的大小来判断测量精度的高低。因为后者的绝对误差虽然比前者大，但它相对于被测量的值却很小。为此，需要用相对误差来比较它们的测量精度。

（2）相对误差。相对误差是指被测几何量的绝对误差（一般取绝对值）与其真值之比，即

$$\epsilon = (x - x_0)/x_0 \times 100\% = \delta/x_0 \times 100\% \tag{3-3}$$

式中，ϵ——相对误差。

相对误差是一个量纲为 1 的数值，相对误差比绝对误差能更好地说明测量的精确程度。

2. 测量误差的来源

在实际测量中，产生测量误差的因素很多，归纳起来主要有以下几个方面。

（1）测量器具。测量器具的制造和装配误差都会引起其示值误差，其中最重要的是基准件的误差，如刻线尺的误差。

（2）测量方法。因测量方法产生的误差，除了某些间接测量法中的原理误差以外，主要有阿贝误差和对准误差两种。

（3）测量环境。测量环境主要包括温度、气压、湿度、振动、噪声以及空气净化程度等因素。在一般测量过程中，温度是重要的因素，其他因素只在精密测量中才考虑。

（4）测量人员。测量人员产生的误差主要有视觉误差、估读误差、观测误差、调整误差以及对准误差等。

二、测量误差的分类

按照测量误差的性质和产生的原因，可分为系统误差、随机误差和粗大误差。

1. 系统误差

系统误差是指在一定条件下多次测量的结果总是向一个方向偏离，其数值一定或按一定规律变化。系统误差的特征是具有一定的规律性。

系统误差的来源有以下几个方面：

（1）仪器误差。仪器误差是由于仪器本身的缺陷或没有按规定条件使用仪器而造成的误差。

（2）理论误差。理论误差是由于测量所依据的理论公式本身的近似性，或实验条件不能达到理论公式所规定的要求或测量方法等所带来的误差。

（3）观测误差。观测误差是由于观测者本人生理或心理特点造成的误差。

例如，用"落球法"测量重力加速度，由于空气阻力的影响，多次测量的结果总是偏小，这是测量方法不完善造成的误差；用停表测量运动物体通过某一段路程所需要的时间，若停表走时太快，即使测量多次，测量的时间 t 总是偏大为一个固定的数值，这是仪器不准确造成的误差；在测量过程中，若环境温度升高或降低，使测量值按一定规律变化，则这是由于环境因素变化引起的误差。

在任何一项实验工作和具体测量中，必须想尽一切办法，最大限度地消除或减小一切可能存在的系统误差，或者对测量结果进行修正。若发现系统误差，则需要改变实验条件和实验方法，反复进行对比。系统误差的消除或减小是比较复杂的一个问题，没有固定不变的方

法，要具体问题具体分析，各个击破。产生系统误差的原因可能不止一个，一般应找出影响的主要因素，有针对性地消除或减小系统误差。

2. 随机误差

在实际测量条件下多次测量同一量时，误差的绝对值和符号的变化，时大时小、时正时负，以不可预定方式变化着的误差叫作随机误差。

当测量次数很多时，随机误差就显示出明显的规律性。实践和理论都已证明，随机误差服从一定的统计规律（正态分布），其特点如下：

（1）绝对值小的误差出现的概率比绝对值大的误差出现的概率大（单峰性）。

（2）绝对值相等的正负误差出现的概率相同（对称性）。

（3）绝对值很大的误差出现的概率趋于零（有界性）。

（4）误差的算术平均值随着测量次数的增加而趋于零（抵偿性）。因此，增加测量次数可以减小随机误差，但不能完全消除。

引起随机误差的原因也很多，如与仪器精密度和观察者感官灵敏度有关。仪器显示数值的估计读数位偏大和偏小；仪器调节平衡时，平衡点确定不准；测量环境扰动变化以及其他不能控制的因素，如空间电磁场的干扰、电源电压波动引起测量的变化等。

由于测量者过失，如实验方法不合理、用错仪器、操作不当、读错数值或记错数据等引起的误差，是一种人为的过失误差，不属于测量误差，只要测量者采用严肃认真的态度，过失误差是可以避免的。

实验中精密度高是指随机误差小，而数据很集中；准确度高是指系统误差小，测量的平均值偏离真值小；精确度高是指测量的精密度和准确度高；数据集中而且偏离真值小，即随机误差和系统误差都小。

3. 粗大误差

超出规定条件下预计的误差。粗大误差是由某种非正常原因造成的，如读数错误、温度的突然变动等，应根据误差理论按一定的规则予以剔除。

三、测量精度

测量精度是指被测几何量的测得值与其真值的接近程度。测量误差越小，测量精度就越高；测量误差越大，则测量精度就越低。

根据在测量过程中系统误差和随机误差对测量结果的不同影响，测量精度一般分为以下三种。

1. 正确度

正确度是指在规定的测量条件下，测量结果与真值的接近程度。系统误差影响的程度：系统误差小，则正确度高。

2. 精密度

测量精密度表示在同样测量条件下，对同一物理量进行多次测量，所得结果彼此间互相接近的程度，即测量结果的重复性、测量数据的弥散程度，因而测量精密度是测量偶然误差的反映。测量精密度高，偶然误差小，但系统误差的大小不明确。

3. 精确度

测量精确度表示多次测量所得的测得值与真值接近的程度，测量精确度是对测量的系统误差及随机误差的综合评定。若精确度高，则测量数据较集中在真值附近，测量的随机误差及系统误差都比较小。

在具体测量中，精密度高，正确度不一定高；正确度高，精密度不一定也高。精密度和正确度都高，则精确度就高。

以打靶为例来比较说明精密度、正确度、精确度三者之间的关系。图 3-20 中靶心为射击目标，相当于真值，每次测量相当于一次射击。

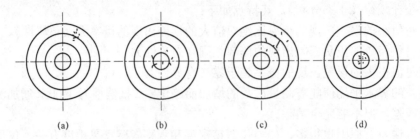

   (a)   (b)   (c)   (d)

图 3-20 正确度、精密度和精确度关系示意图

(a) 精密度高、正确度不高；(b) 正确度高、精密度不高；(c) 正确度不高、精密度不高；(d) 精密度和正确度都高

四、随机误差的数据处理

随机误差的大小和方向是变化的，不能用修正值予以消除，但可用实验统计的方法对大量测得值做统计处理，便能较准确地估计和评定测量结果。随机误差的一般处理方法如下。

1. 求算术平均值

在同一条件下，对同一被测量进行多次（n 次）等精度测量，将得到一系列不同的测得值 x_1，x_2，x_3，$\cdots$，x_n，则其算术平均值为

$$\bar{x} = \frac{1}{n}\sum_{i=1}^{n}x_i \tag{3-4}$$

2. 求残余误差

残余误差 v_i 是指测量列的各个测得值 x_i 与该测量列算术平均值 $\bar{x}$ 之差，简称残差。计算公式为

$$v_i = x_i - \bar{x} \tag{3-5}$$

从符合正态分布规律的随机误差的分布特性可以得出残差有两个基本性质。

（1）残差的代数和等于零，即 $\sum_{i=1}^{n}v_i = 0$。

（2）残差的平方和为最小，即 $\sum_{i=0}^{n}v_i^2$ 为最小。

3. 求单次测得值的标准偏差

测得值的算术平均值虽能表示测量结果，但不能表示各测得值的精密度。为此，需要引入标准偏差的概念。

标准偏差是表征对同一被测量进行 n 次测量所得值的分散程度的参数。

根据误差理论，随机误差的标准偏差 σ 是各随机误差平方和的平均值的平方根，即

$$\sigma = \sqrt{\frac{\delta_1^2 + \delta_2^2 + \cdots + \delta_n^2}{n}} = \sqrt{\frac{\sum_{i=1}^{n} \delta_i^2}{n}} \qquad (3-6)$$

虽然根据式（3-6）可以求出标准偏差 σ 值，但由于被测量的真值是未知量，因此随机误差也不可知。实际测量时常用残差 v_i 代替，根据贝塞尔公式求出标准偏差 σ 估算值，即

$$\sigma = \sqrt{\frac{\sum_{i=1}^{n} v_i^2}{n-1}} \qquad (3-7)$$

单次测得值测量结果的表达式可以写为

$$v_{ei} = x_i \pm 3\sigma \qquad (3-8)$$

4. 判断是否具有粗大误差

在一列实测值中，要判断某个值是否具有粗大误差，其判断准则为 3σ 准则，即根据随机误差的正态分布规律，其残余误差在 $\pm 3\sigma$ 以外是不可能出现的，而当 $|v_i| > 3\sigma$ 时，则认为它属于粗大误差。在测量列中把具有粗大误差的测量值剔除，即可重新计算标准偏差 σ。

5. 求算术平均值的标准偏差

标准偏差 σ 代表一组测得值的精密度，在系列测量中是以算术平均值作为被测量的测量结果的，因此，重要的是要知道算术平均值的标准偏差 $\sigma_{\bar{x}}$。

根据误差理论，测量列算术平均值的标准偏差与测量列中单次测得值的标准偏差 σ 之间的关系如下：

$$\sigma_{\bar{x}} = \frac{\sigma}{\sqrt{n}} \qquad (3-9)$$

测量列算术平均值的测量极限误差为

$$\delta_{\lim(\bar{x})} = \pm 3\sigma_{\bar{x}} \qquad (3-10)$$

多次测量所得结果的表达式为

$$x_{ei} = \bar{x} \pm 3\sigma_{\bar{x}} \qquad (3-11)$$

 任务实施

根据任务求解如下：

解　按测量顺序将各测得值、计算算术平均值 $\bar{x}$、残差 v_i、残差的平方 v_i^2、残差的平方和 $\sum_{i=1}^{15} v_i^2$ 依次列表于 3-6 中。

误差产生的原因有：计量器具的误差；测量方法误差；环境条件所引起的测量误差；人员误差。

数据处理：

（1）求算术平均值：

$$\bar{x} = \frac{1}{n} \sum_{i=1}^{n} x_i = 34.957 \text{ mm}$$

（2）计算残差和判定变值系统误差。各残差的数值经过计算后列于表 3-6 中，按照残差

观察法，这些残差的符号大体上正、负相同，没有周期性的变化，因此可以认为测量列中不存在变值系统误差。

表 3-6 测量数据计算结果

测量序号	测得值 x/mm	残差 $v_i = x_i - \bar{x}$/μm	残差的平方 v_i^2/μm²
1	34.959	+2	4
2	34.955	−1	4
3	34.958	+1	1
4	34.957	0	0
5	34.958	+1	1
6	34.956	−1	1
7	34.957	0	0
8	34.958	+1	1
9	34.955	−2	4
10	34.957	0	0
11	34.959	+2	4
12	34.955	−2	4
13	34.956	−1	1
14	34.957	0	0
15	34.958	+1	1
算数平均值 $\bar{x} = 34.957$		$\sum\limits_{i=1}^{15} v_i = 0$	$\sum\limits_{i=1}^{15} v_i^2 = 26$ μm²

（3）计算测量列中单次测得值的标准偏差：

$$\sigma = \sqrt{\frac{\sum\limits_{i=1}^{n} v_i^2}{n-1}} \approx 1.36 \text{ mm}$$

（4）判断粗大误差：

$$|v_i|_{\max} = 2 \text{ μm}, 3\sigma = 3 \times 1.36 \text{ μm} = 4.08 \text{ μm}$$

测量列中没有大于 4.08 μm 的残差，即 $|v_i| < 3\sigma$，故可以认为测量列中不存在粗大误差。

（5）计算算术平均值的标准偏差：

$$\sigma_{\bar{x}} = \frac{\sigma}{\sqrt{n}} = \frac{\sigma}{\sqrt{15}} \text{ μm} \approx 0.35 \text{ μm}$$

（6）计算算术平均值的测量极限误差：

$$\delta_{\lim(\bar{x})} = \pm 3\sigma_{\bar{x}} \text{ μm} \pm 3 \times 0.35 = 1.05 \text{ μm}$$

轴的直径的测量结果：

$$d_e = \bar{x} \pm 3\sigma_{\bar{x}} = (34.957 \pm 0.001\,05)\text{mm}$$

任务三 光滑工件尺寸检验与批量零件检验

 任务描述与要求

在各种几何量的测量中，尺寸检验是最基本的。由于被测零件的形状、大小、精度要求和使用场合的不同，采用的计量器具也不同。对于单件或小批量生产的零件，常采用通用计量器具来检验；对于大批量生产的零件，为提高检验效率，多采用量规来检验。

1. 知识要求

（1）熟悉测量误差的有关术语及产生的原因。

（2）掌握误差的数据处理方法。

2. 技能要求

能够正确处理测量数据，检验零件的合格性。

 任务引入

（1）设备中有一个装配零件需要检验，尺寸为 $\phi40h9(_{-0.062}^{0})$mm，且采用包容原则。试确定测量该轴径时的验收极限，并选择适当的计量器具。

（2）工厂现有 1 000 件配合件需要检验，零件尺寸标注为 $\phi18H8/h7$，请设计适合的检验工具。

 任务知识准备

一、光滑工件的尺寸检验

用普通计量器具测量工件应参照国家标准 GB/T 3177—2009 进行，该标准适用于车间用的计量器具（游标卡尺、千分尺和分度值不小于 0.5 m 的指示表和比较仪等），主要用以检测公称尺寸至 500 mm、公差等级为 IT6～IT18 的光滑工件尺寸，也适用于一般公差尺寸的检测。

1. 误收与误废

由于测量误差的存在，故在验收工件时可能会受测量误差的影响，对位于极限尺寸附近的工件产生两种错误判断——误收和误废。误收是指将超出极限尺寸的工件误判为合格品而接收；误废是指将未超出极限尺寸的工件误判为废品而报废。

误收会影响产品质量，误废将造成经济损失。GB/T 3177—2009 中规定的验收原则是：所用验收方法原则上是"应只接收位于规定的尺寸极限之内的工件"，即只允许有误废而不允许有误收。

2. 验收极限与安全裕度

为了减少误收，保证零件的质量，一般采用规定验收极限的方法来验收工件，即采用安全裕度来抵消测量的不确定度。国家标准对确定验收极限规定了两种方式。

（1）内缩方式。验收极限是指从规定的上极限尺寸和下极限尺寸分别向工件公差带内移动一个安全裕度 A，如图 3-21 所示。

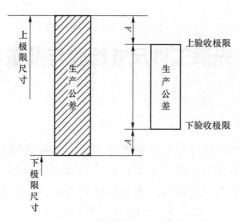

图 3-21　验收极限与安全裕度

工件的验收极限：

$$上验收极限 = 上极限尺寸 - 安全裕度$$
$$下验收极限 = 下极限尺寸 + 安全裕度$$

内缩方式主要适用于符合包容要求、公差等级高的尺寸。

安全裕度 A 值应按工件的公差大小确定，一般为工件公差的 1/10，数值见表 3-7。

表 3-7　安全裕度 A 及计量器具不确定度的允许值 u_1　　　　　　mm

零件公差值 T		安全裕度 A	计量器具不确定度的允许值 u_1
大于	至		
0.009	0.018	0.001	0.000 9
0.018	0.032	0.002	0.001 8
0.032	0.058	0.003	0.002 7
0.058	0.100	0.006	0.005 4
0.100	0.180	0.010	0.009 0
0.180	0.320	0.018	0.016 0
0.320	0.580	0.032	0.029 0
0.580	1.000	0.060	0.054 0
1.000	1.800	0.100	0.090 0
1.800	3.200	0.180	0.160 0

（2）不内缩方式。不内缩方式的验收极限等于工件的上极限尺寸和下极限尺寸，即安全裕度 $A = 0$。由于这种验收极限方式比较宽松，所以一般用于非配合尺寸和一般公差尺寸。

3. 计量器具的选择

在机械制造中，计量器具的选择要综合考虑计量器具的技术指标和经济指标，主要有两点要求：按照被测工件的外形、位置和尺寸的大小及被测参数的特性来选择计量器具，使选择的计量器具的测量范围能满足工件的要求；按照被测工件的精度来选择计量器具，使选择的计量器具的不确定度 u_1 既能保证测量精度，又符合经济性要求。

GB/T 3177—2009 中规定，应按照计量器具测量的不确定度允许值（u_1）选择计量器具。选择时应使所选用的计量器具的测量不确定度数值等于或小于选定的 u_1 值。

计量器具的测量不确定度允许值（u_1）按测量不确定度（u）与工件公差的比值分挡。

对 IT6～IT11 级别分为 Ⅰ、Ⅱ、Ⅲ 三挡，分别为工件公差的 1/10、1/6、1/4，对 IT12～IT18 级分为 Ⅰ、Ⅱ 两挡，见表 3-8。

表3-8 安全裕度 A 与计量器具不确定度的允许值 u_1

μm

公差等级 基本尺寸/mm 大于	至	IT6 T	A	u_1 I	u_1 II	u_1 III	IT7 T	A	u_1 I	u_1 II	u_1 III	IT8 T	A	u_1 I	u_1 II	u_1 III	IT9 T	A	u_1 I	u_1 II	u_1 III	IT10 T	A	u_1 I	u_1 II	u_1 III	IT11 T	A	u_1 I	u_1 II	u_1 III
—	3	6	0.6	0.54	0.9	1.4	10	1.0	0.9	1.5	2.3	14	1.4	1.3	2.1	3.2	25	2.5	2.3	3.8	5.6	40	4.0	3.6	6	9	60	6	5.4	9.0	14
3	6	8	0.8	0.72	1.2	1.8	12	1.2	1.1	1.8	2.7	18	1.8	1.6	2.7	4.1	30	3.0	2.7	4.5	6.8	48	4.8	4.3	7	11	75	8	6.8	11	17
6	10	9	0.9	0.81	1.4	2.0	15	1.5	1.4	2.3	2.4	22	2.2	2.0	3.3	5.0	36	3.6	3.3	5.4	8.1	58	5.8	5.2	9	13	90	9	8.1	14	20
10	18	11	1.1	1.0	1.7	2.5	18	1.8	1.7	2.7	4.1	27	2.7	2.4	4.1	6.1	43	4.3	3.9	6.5	9.7	70	7.0	6.3	11	16	110	11	10	17	25
18	30	13	1.3	1.2	2.0	2.9	21	2.1	1.9	3.2	4.7	33	3.3	3.0	5.0	7.4	52	5.2	4.7	7.8	12	84	8.4	7.6	13	19	130	13	12	20	29
30	50	16	1.6	1.4	2.4	3.6	25	2.5	2.3	3.8	5.6	39	3.9	3.5	5.9	8.8	62	6.2	5.6	9.3	14	100	10	9.0	15	23	160	16	14	24	36
50	80	19	1.9	1.7	2.9	4.3	30	3.0	2.7	4.5	6.8	46	4.6	4.1	6.9	10	74	7.4	6.7	11	17	120	12	11	18	27	190	19	17	29	43
80	120	22	2.2	2.0	3.3	5.0	35	3.5	3.2	5.3	7.9	54	5.4	4.9	8.1	12	87	8.7	7.8	13	20	140	14	13	21	32	220	22	20	33	50
120	180	25	2.5	2.3	3.8	5.6	40	4.0	3.6	6.0	9.0	63	6.3	5.7	9.5	14	100	10	9.0	15	23	160	16	15	24	36	250	25	23	38	56
180	250	29	2.9	2.6	4.4	6.5	46	4.6	4.1	6.9	10	72	7.2	6.5	11	16	115	12	10	17	26	185	18	17	28	42	290	29	26	44	65
250	315	32	3.2	2.9	4.8	7.2	52	5.2	4.7	7.8	12	81	8.1	7.3	12	18	130	13	12	19	29	210	21	19	32	47	320	32	29	48	75
315	400	36	3.6	3.2	5.4	8.1	57	5.7	5.1	8.4	13	89	8.9	8.0	13	20	140	14	13	21	32	230	23	21	35	52	360	36	32	54	81
400	500	40	4.0	3.6	6.0	9.0	63	6.3	5.7	9.5	14	97	9.7	8.7	15	22	155	16	14	23	35	250	25	23	88	56	400	40	36	60	90

续表

基本尺寸/mm 大于	至	IT12 T	IT12 A	IT12 u₁ I	IT12 u₁ II	IT13 T	IT13 A	IT13 u₁ I	IT13 u₁ II	IT14 T	IT14 A	IT14 u₁ I	IT14 u₁ II	IT15 T	IT15 A	IT15 u₁ I	IT15 u₁ II	IT16 T	IT16 A	IT16 u₁ I	IT16 u₁ II	IT17 T	IT17 A	IT17 u₁ I	IT17 u₁ II	IT18 T	IT18 A	IT18 u₁ I	IT18 u₁ II
—	3	100	10	9.0	15	140	14	13	21	250	25	23	38	400	40	36	60	600	60	54	90	1 000	100	90	150	1 400	140	135	210
3	6	120	12	11	18	180	18	16	27	300	30	27	45	480	48	43	72	750	75	68	110	1 200	120	110	180	1 800	180	160	270
6	10	150	15	14	23	220	22	20	33	360	36	32	54	580	58	52	87	900	90	81	140	1 500	150	140	230	2 200	220	200	330
10	18	180	18	16	27	270	27	24	41	430	43	39	65	700	70	63	110	1 100	110	100	170	1 800	180	160	270	2 700	270	240	400
18	30	210	21	19	32	330	33	30	50	520	52	47	78	840	84	76	130	1 300	130	120	200	2 100	210	190	320	3 300	330	300	490
30	50	250	25	23	38	390	39	35	59	620	62	56	93	1 000	100	90	150	1 600	160	140	240	2 500	250	220	380	3 900	390	350	580
50	80	300	30	27	45	460	46	41	69	740	74	67	110	1 200	120	110	180	1 900	190	170	290	3 000	300	270	450	4 600	460	410	690
80	120	350	35	32	53	540	54	49	81	870	87	78	130	1 400	140	130	210	2 200	220	200	330	3 500	350	320	530	5 400	540	480	810
120	180	400	40	36	60	630	63	57	95	1 000	100	90	150	1 600	160	150	240	2 500	250	230	380	4 000	400	360	600	6 300	630	570	940
180	250	460	46	41	69	720	72	95	110	1 150	115	100	170	1 850	185	170	280	2 900	290	260	440	4 600	460	410	690	7 200	720	650	1 080
250	315	520	52	47	78	810	81	73	120	1 300	130	120	190	2 100	210	190	320	3 200	320	290	480	5 200	520	470	780	8 100	810	730	1 210
315	400	570	57	51	86	890	89	80	130	1 400	140	130	210	2 300	230	210	350	3 600	360	320	540	5 700	570	510	860	8 900	890	800	1 330
400	500	630	63	57	95	970	97	87	150	1 500	150	140	230	2 500	250	230	380	4 000	400	360	600	6 300	630	570	950	9 700	970	870	1 450

计量器具的测量不确定度允许值为测量不确定度的 0.9 倍。

一般情况下应优先选用 I 挡，其次选用 II、III 挡。

选择计量器具时，应保证其不确定度 u_1' 不大于其允许值 u_1。有关量仪的 u_1' 值见表 3-9～表 3-11。

表 3-9　千分尺和游标卡尺的不确定度 u_1'　　　　mm

尺寸范围	所使用的计量器具			
	分度值为 0.01 mm 的千分尺	分度值为 0.01 mm 的内径千分尺	分度值为 0.02 mm 的游标尺	分度值为 0.05 mm 的游标卡尺
0～50	0.004			
50～100	0.005	0.008		0.050
100～150	0.006		0.020	
150～200	0.007			
200～250	0.008	0.013		
250～300	0.009			
300～350	0.010			
350～400	0.011	0.020		0.100
400～450	0.012			
450～500	0.013	0.025		
500～600				
600～700		0.030		
700～1 000				0.150
注：本表仅供参考。				

表 3-10　比较仪的不确定度 u_1'　　　　mm

尺寸范围		所使用的计量器具			
大于	至	分度值为 0.000 5 mm（相当于放大倍数 2 000 倍）的比较仪	分度值为 0.001 mm（相当于放大倍数 1 000 倍）的比较仪	分度值为 0.002 mm（相当于放大倍数 400 倍）的比较仪	分度值为 0.005 mm（相当于放大倍数 250 倍）的比较仪
0	25	0.006	0.001 0	0.001 7	
25	40	0.007			
40	65	0.008	0.001 1	0.001 8	0.003 0
65	90	0.008			
90	115	0.009	0.001 2		
115	165	0.001 0	0.001 3	0.001 9	
165	215	0.001 2	0.001 4	0.002 0	
215	265	0.001 4	0.001 6	0.002 1	0.003 5
265	315	0.001 6	0.001 7	0.002 2	
注：测量时，使用的标准器由 4 块 1 级（或 4 等）量块组成。本表仅供参考。					

表 3-11　指示表的不确定度 u'_1　　　　　　　　　mm

尺寸范围		所使用的计量器具			
		分度值为 0.001 mm 的千分表（0 级在全程范围内，1 级在 0.2 mm 内），分度值为 0.002 mm 的千分表（在一转范围内）	分度值为 0.001 mm、0.002 mm、0.005 mm 的千分表（1 级在全程范围内），分度值为 0.01 mm 的百分表（0 级在任意 1 mm 内）	分度值为 0.01 mm 的百分表（0 级在全程范围内，1 级在任意 1 mm 内）	分度值为 0.01 mm 的百分表（1 级在全程范围内）
大于	至				
0	25				
25	40				
40	65	0.005			
65	90				
90	115		0.010	0.018	0.030
115	165				
165	215	0.006			
215	265				
265	315				

注：测量时，使用的标准器由 4 块 1 级（或 4 等）量块组成，本表仅供参考。

二、批量零件的检验

大批量的同规格零件需要检测时，如果用常规的测量器具逐个零件检查则费时费力，那么能不能采用一种专用的测量器具呢？光滑极限量规就能很好地解决这一问题。光滑极限量规是一种没有刻度的专用检验工具，它不能确定工件的实际尺寸，只能确定工件尺寸是否处于规定的极限尺寸范围内。

1. 光滑极限量规的测量原理及分类

最大实体尺寸（MMS）是指确定要素最大实体状态的尺寸，即内尺寸要素的下极限尺寸或外尺寸要素的上极限尺寸，分别用 D_M 和力 d_M 表示。

通规和止规的用法

最小实体尺寸（LMS）是指确定要素最小实体状态的尺寸，即内尺寸要素的上极限尺寸或外尺寸要素的下极限尺寸，分别用 D_L 和 d_L 表示。

检验孔的光滑极限量规称为塞规，一个塞规按被测孔的最大实体尺寸制造，称为通规或过端；另一个塞规按被测孔的最小实体尺寸制造，称为止规或止端，如图 3-22（a）所示。检验轴的光滑极限量规称为环规或卡规。一个环规按被测轴的最大实体尺寸制造，称为通规；另一个环规按被测轴的最小实体尺寸制造，称为止规，如图 3-22（b）所示。测量时，必须把通规和止规联合使用，只有当通规能够通过被测孔或轴，同时止规不能通过被测孔或轴时，该孔或轴才是合格品。

在机械制造业中，由于光滑极限量规结构简单、使用方便、测量可靠，所以成批或大量生产的工件多采用光滑极限量规检验。

光滑极限量规按其不同的用途分为工作量规、验收量规和校对量规三类。工作量规是工人在制造工件过程中使用的量规，工作量规的通规用代号 T 表示，止规用代号 Z 表示。

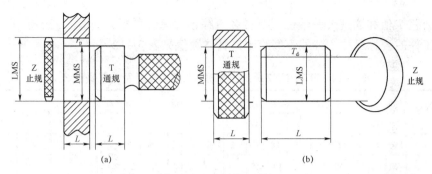

图 3-22 光滑极限量规

验收量规是检验部门或用户代表验收产品时使用的量规；校对量规只是用来校对轴用量规，以检验卡规是否符合制造公差或已经磨损或变形。对于孔用量规，因其工作表面为外表面，可以很方便地使用量仪检验，故不用校对量规。

2. 工作量规的尺寸公差带

（1）工作量规公称尺寸的确定。工作量规中的通规用于检验工件的作用尺寸是否超过最大实体尺寸（轴的上极限尺寸或孔的下极限尺寸），工作量规中的止规用于检验工件的实际尺寸是否超过最小实体尺寸（轴的下极限尺寸或孔的上极限尺寸）。各种量规即以被检验的极限尺寸作为公称尺寸。

（2）工作量规公差带。

工作量规公差带由两部分组成。

① 制造公差。量规制造时不可避免地也会产生误差，故需规定制造公差。但量规制造公差要比被检验工件公差小得多。

② 磨损公差。通规在检验时，经常要通过被检验工件，其工作表面会产生磨损，故还需规定磨损公差，以使通规有一合理的使用寿命。而止规因不经常通过被检验工件，故不需要规定磨损公差。

图 3-23 所示为光滑极限量规公差带图，GB/T 1957—2006 中规定量规公差带以不超越工件极限尺寸为原则，通规的制造公差带对称于 Z 值，其允许磨损量以工件的最大实体尺寸为极限；止规的制造公差带是从工件的最小实体尺寸算起，分布在尺寸公差带之内。

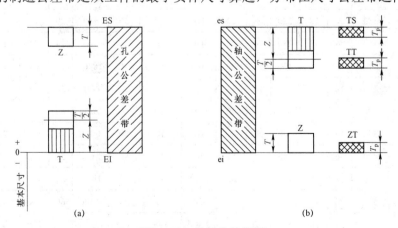

图 3-23 量规公差带图

（a）孔用工作量规公差带；（b）轴用工作量规及其校对量规公差带

T—量规制造公差；T_p—校对量规制造公差；Z—通规制造公差带的中心线到工件最大实体尺寸之间的距离

— 73 —

制造公差 T 值和通规公差带位置要素 Z 值综合考虑了量规的制造工艺水平和一定的使用寿命，按工件的公称尺寸、公差等级给出，具体数值见表 3-12。

表 3-12　IT6~IT12 级工作量规的制造公差 T 及位置要素 Z 　　　　mm

工件基本尺寸 D/mm	工件孔或轴的公差等级																				
	IT6			IT7			IT8			IT9			IT10			IT11			IT12		
	IT6	T	Z	IT7	T	Z	IT8	T	Z	IT9	T	Z	IT10	T	Z	IT11	T	Z	IT12	T	Z
0~3	6	1.0	1.0	10	1.2	1.6	14	1.5	2.0	25	2.0	3	40	2.4	4	60	3	6	100	4	9
3~6	8	1.2	1.4	12	1.4	2.0	18	2.0	2.6	30	2.4	4	48	3.0	5	75	4	8	120	5	11
6~10	9	1.4	1.6	15	1.8	2.4	22	2.4	3.2	36	2.8	5	58	3.6	6	90	5	9	150	6	13
10~18	11	1.6	2.0	18	2.0	2.8	27	2.8	4.0	43	3.4	6	70	4.0	8	110	6	11	180	7	15
18~30	13	2.0	2.4	21	2.4	3.4	33	3.4	5.0	52	4.0	7	84	5.0	9	130	7	13	210	8	18
30~50	16	2.4	2.8	25	3.0	4.0	30	4.0	6.0	62	5.0	8	100	6.0	11	160	8	16	250	10	22
50~80	19	2.8	3.4	30	3.6	4.6	46	4.6	7.0	74	6.0	9	120	7.0	13	190	9	19	300	12	26
80~120	22	3.2	3.8	35	4.2	5.4	54	5.4	8.0	87	7.0	10	140	8.0	15	220	10	22	350	14	30
120~180	25	3.8	4.4	40	4.8	6.0	63	6.0	9.0	100	8.0	12	160	9.0	18	250	12	25	400	16	35
180~250	29	4.4	5.0	46	5.4	7.0	72	7.0	10.0	115	9.0	14	185	10.0	20	290	14	29	460	185	40
250~315	32	4.8	5.6	52	6.0	8.0	81	8.0	11.0	130	10.0	16	210	12.0	22	320	16	32	520	20	45
315~400	30	5.4	6.2	57	7.0	9.0	89	9.0	12.0	140	11.0	18	230	14.0	25	360	18	36	570	22	50
400~500	40	6.0	7.0	63	8.0	10.0	97	10.0	14.0	155	12.0	20	250	16.0	28	400	20	40	630	24	55

工件基本尺寸 D/mm	工件孔或轴的公差等级														
	IT12			IT13			IT14			IT15			IT16		
	IT12	T	Z	IT13	T	Z	IT14	T	Z	IT15	T	Z	IT16	T	Z
~3	100	4	9	140	6	14	250	9	20	400	14	30	600	20	40
3~6	120	5	11	180	7	16	300	11	25	480	16	35	750	25	50
6~10	150	6	13	220	8	20	360	13	30	580	20	40	900	30	60
10~18	180	7	15	270	10	24	430	15	35	700	24	50	1 100	35	75
18~30	210	8	18	330	12	28	520	18	40	840	28	60	1 300	40	90
30~50	250	10	22	390	14	34	620	22	50	1 000	34	75	1 600	50	110
50~80	300	12	26	460	16	40	740	26	60	1 200	40	90	1 900	60	130
80~120	350	14	30	540	20	46	870	30	70	1 400	46	100	2 200	70	150
120~180	400	16	35	630	22	52	1 000	35	80	1 600	52	120	2 500	80	180
180~250	160	18	40	720	26	60	1 150	40	90	1 850	60	130	2 900	90	200
250~315	520	20	45	810	28	66	1 300	45	100	2 100	66	150	3 200	100	220
315~400	570	22	50	890	32	74	1 400	50	110	2 300	74	170	3 600	110	250
400~500	630	24	55	970	36	80	1 550	55	120	2 500	80	190	4 000	120	280

3. 量规的设计

1）量规设计原则及其结构

当所设计的轴和孔要求遵守包容原则时，检验该轴、孔所用的光滑极限量规的设计应符合极限尺寸判断原则（即泰勒原则）。所谓极限尺寸判断原则，即孔或轴的作用尺寸不允许超过最大实体尺寸，对于孔，其作用尺寸应不小于下极限尺寸；对于轴，其作用尺寸应不大于上极限尺寸。同时，在任何位置上的实际尺寸不允许超过最小实体尺寸，对于孔，实际尺寸应不大于上极限尺寸；对于轴，则应不小于下极限尺寸。

根据这一原则，通规应设计成全形的，即其测量面应具有与被测孔或轴相应的完整表面，其尺寸应等于被测孔或轴的最大实体尺寸，其长度应与被测孔或轴的配合长度一致；止规应设计成点接触式的，其尺寸应等于被测孔或轴的最小实体尺寸。

但在实际应用中，极限量规常偏离上述原则。例如，为了采用已标准化的量规，允许通规的长度小于接合面的全长；对于尺寸大于 100 mm 的孔，用全形塞规通规很笨重，不便使用，则允许用不全形塞规；环规通规不能检验正在顶尖上加工的工件及曲轴，允许用卡规代替；检验小孔的塞止规，常用便于制造的全形塞规，检验刚性差的工件时也常用全形塞规或环规。

卡规的使用视频

同时应该指出，只有在保证被检验工件的形状误差不致影响配合性质的前提下，才允许使用偏离极限尺寸判断原则的量规。

选用量规结构型式时，必须考虑工件结构、大小、产量和检验效率等，图 3-24 所示给出了量规的型式及其应用。

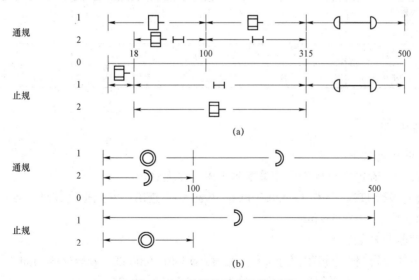

(a)

(b)

图 3-24 量规的型式及其应用

（a）测孔量规形式及应用尺寸范围；（b）测轴量规形式及应用尺寸范围

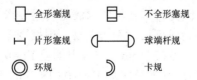

2）量规极限偏差的计算

（1）按《公差与配合》国标确定孔与轴的上、下极限偏差。

（2）按表 3-12 查出工作量规制造公差 T 值和位置要素 Z 值。

（3）计算各种量规的上、下极限偏差，画出公差带图。

3）量规的其他技术要求

工作量规的形位误差应在量规的尺寸公差带内，形位公差为尺寸公差的 50%，但当形位公差小于 0.001 mm 时，由于制造和测量都比较困难，故形位公差都规定选为 0.001 mm。由于校对量规尺寸公差已经比较小，因此，对其形位公差不再另外规定，只要在其尺寸公差带内即可。

量规测量面的材料可用淬硬钢（合金工具钢、碳素工具钢等）和硬质合金，也可以在测量面镀上耐磨材料。测量面的硬度应为 58～65HRC。

量规测量面的表面粗糙度，主要是从量规使用寿命、工件表面粗糙度及量规制造的工艺水平考虑。一般量规工作面的表面粗糙度要求比被检工件的粗糙度要求要严格些。量规测量面表面粗糙度要求可参照表 3-13 选用。

表 3-13　量规测量面表面粗糙度

工作量规	工件基本尺寸/mm		
	不大于 120	大于 120～315	大于 305～500
	表面精糙度 Ra，最大允许值/μm		
IT6 级孔用量规	0.04	0.08	0.16
IT6～IT9 级轴用量规	0.08	0.16	0.32
IT7～IT9 级孔用量规			
IT10～IT12 级孔用量规	0.16	0.32	0.63
IT13～IT16 级孔轴用量规	0.32	0.63	0.63

 任务实施

根据任务求解如下：

（1）解：① 确定安全裕度和计量器具不确定度允许值。

已知公差等级 IT9，公差 T=0.062 mm，由表 3-7 查出：安全裕度 A=0.006 mm，计量器具不确定允许值 u_1=0.005 4 mm。

② 确定验收极限。

上验收极限＝上极限尺寸－安全裕度＝ϕ（40－0.006）＝ϕ39.994（mm）

下验收极限＝下极限尺寸＋安全裕度＝ϕ（39.938＋0.006）＝ϕ39.944（mm）

③ 选择计量器具：工件公称尺寸为 ϕ40 mm，由表 3-9 查得：分度值为 0.01 mm 的千分尺的不确定度 u_1'=0.004 mm，因为 $u_1'<u_1$，所以满足使用要求。

（2）解：批量的配合件检验应该设计专用量规，根据题意设计计算如下：

ϕ18H8 的上极限偏差 ES＝＋0.027 mm，下极限偏差 EI＝0。

ϕ18h7 的上极限偏差 es＝0，下极限偏差 ei＝－0.018 mm。

由表 3-10 查得：

ϕ 18H8 孔用塞规：

制造公差 $T=0.002\ 8$ mm，位置要素 $Z=0.004$ mm

ϕ 18h7 轴用卡规：

制造公差 $T=0.002$ mm，位置要素 $Z=0.002\ 8$ mm

① ϕ 8H8 孔用塞规。

通规：

$$上极限偏差=ES+Z+\frac{T}{2}=(0+0.004+0.001\ 4)mm=+0.005\ 4\ mm$$

$$下极限偏差=EI+Z-\frac{T}{2}=(0+0.004-0.001\ 4)mm=+0.002\ 6\ mm$$

$$磨损极限=EI=0$$

止规：

$$上极限偏差=ES=+0.027\ mm$$

$$下极限偏差=EI-T=(+0.027-0.002\ 8)mm=+0.024\ 2\ mm$$

② ϕ 18h7 轴用卡规

通规：

$$上极限偏差=es-Z+\frac{T}{2}=(0-0.002\ 8+0.001)mm=-0.001\ 8\ mm$$

$$下极限偏差=ei-Z-\frac{T}{2}=(0-0.002\ 8-0.001)mm=-0.003\ 8\ mm$$

$$磨损极限=es=0$$

止规：

$$上极限偏差=es=ei+T=（-0.018+0.002）mm=-0.016\ mm$$

$$下极限偏差=ei=-0.018\ mm$$

量规的尺寸公差带如图 3-25 所示，量规工作尺寸的标注如图 3-26 所示。

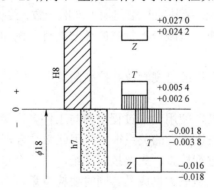

图 3-25 量规的尺寸公差带

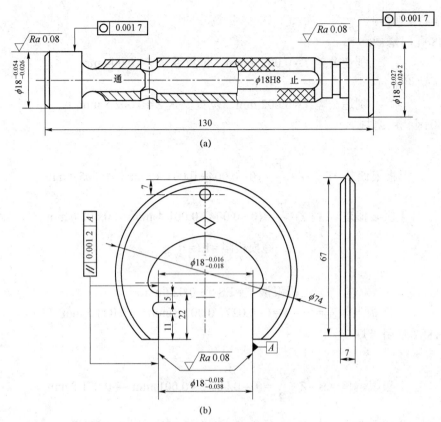

图 3-26　量规工作尺寸的标注
（a）塞规；（b）卡规

 拓展知识

一、测量四原则

（1）阿贝原则：被测量与计量基准的尺寸应在同一处。

（2）基准统一原则：工序测量基准与工艺加工基准一致，终检测量基准与设计基准一致。

（3）最短测量链原则：即尽量减少测量链的环节数目，例如用量块时，一般组成的量块组不超过 4 块量块。

（4）最小变形原则：采取标准温度测量并控制测量力，以减少变形而造成的测量误差。

二、量规使用注意事项

量规是一种精密测量器具，使用量规过程中要与工件多次接触，如何保持量规的精度、提高检验结果的可靠性，这与操作者的关系很大，因此必须合理、正确地使用量规。

（1）使用前，要认真地进行检查。先要核对图纸，看这个量规是不是与要求的检验尺寸和公差相符，以免发生差错，造成大批废品。同时要检查量规有没有检定合格的标记或其他证明。还要检查量规的工作表面上是否有锈斑、划痕和毛刺等缺陷，因为这些缺陷容易引起被检验工件表面质量下降，特别是公差等级和表面粗糙度较高的有色金属工件更为突出。此外，还要检查量规测头与手柄连接是否牢固可靠，最后检查工件的被检验部位（特别是内孔）是否有毛刺、凸起、划伤等缺陷。

（2）使用前，要用清洁的细棉纱或软布把量规的工作表面擦干净，允许在工作表面上涂一层薄油，以减少磨损。

（3）使用前，要辨别哪是通端、哪是止端，不要弄错。

（4）使用时，量规的正确操作方法可归纳为"轻""正""冷""全"四个字。

① 轻，就是使用量规时要轻拿轻放，稳妥可靠；不能随意丢掷；不要与工件碰撞，工件放稳后再来检验；检验时要轻卡轻塞，不可硬卡硬塞。

② 正，就是用量规检验时，位置必须放正，不能歪斜，否则检验结果也不会可靠。

③ 冷，就是当被检工件与量规温度一致时才能进行检验，而不能把刚加工完还发热的工件进行检验；精密工件应与量规进行等温检验。

④ 全，就是用量规检验工件要全面，才能得到正确可靠的检验结果，塞规通端要在孔的整个长度上检验，而且还要在 2 或 3 个轴向平面内检验，塞规止端要尽可能在孔的两端进行检验。卡规的通端与止端都应沿轴和围绕轴不少于 4 个位置进行检验。

（5）若塞规卡在工件孔内，则不能用普通铁锤敲打、扳手扭转或用力摔砸，否则会使塞规工作表面受到损伤。这时要用木、铜、铝锤或钳工拆卸工具（如拔子或推压器），还要在塞规的端面上垫一块木片或铜片加以保护，然后用力拔或推出来。必要时，可以把工件的外表面稍微加热后再把塞规拔出来。

（6）当机床上装夹的工件还在运转时，不能用量规去检验。

（7）不要用量规去检验表面粗糙和不清洁的工件。

（8）量规的通端要通过每一个合格的工件，其测量面经常磨损，因此，量规需要定期检定。

对于工作量规，当塞规通端接近或超过其最小极限，卡规（环规）的通端接近或超过其上极限尺寸时，工件量规要改为验收量规来使用。当验收量规接近或超过磨损极限时，应立即报废，停止使用。

（9）使用光滑极限量规检验工件，如判定有争议，则应该使用下述尺寸的量规检验：通端应等于或接近工件的最大实体尺寸（即孔的下极限尺寸、轴的上极限尺寸），止端应等于或接近工件的最小实体尺寸（即孔的上极限尺寸、轴的下极限尺寸）。

三、量具的维护和保养

正确地使用精密量具是保证产品质量的重要条件之一。要保持量具的精度和它工作的可靠性，除了在使用中要按照合理的使用方法进行操作以外，还必须做好量具的维护和保养工作。

（1）在机床上测量零件时，要等零件完全停稳后进行，否则不但会使量具的测量面过早磨损而失去精度，而且会造成事故，尤其是车工使用外卡时，不要以为卡钳简单，磨损一点无所谓，要注意铸件内常有气孔和缩孔，一旦钳脚落入气孔内，会把操作者的手也拉进去，造成严重事故。

（2）测量前应把量具的测量面和零件的被测量表面都擦干净，以免因有脏物存在而影响测量精度。用精密量具如游标卡尺、百分尺和百分表等，去测量锻铸件毛坯，或带有研磨剂（如金刚砂等）的表面是错误的，这样易使测量面很快磨损而失去精度。

（3）量具在使用过程中不要和工具、刀具，如锉刀、榔头、车刀和钻头等堆放在一起，以免碰伤量具；也不要随便放在机床上，以免因机床振动而使量具掉下来损坏。尤其是游标卡尺等，应平放在专用盒子里，以免使尺身变形。

（4）量具是测量工具，绝对不能作为其他工具的代用品。例如拿游标卡尺划线、拿百分尺当小榔头、拿钢直尺当起子旋螺钉，以及用钢直尺清理切屑等都是错误的。把量具当玩具，如把百分尺等拿在手中任意挥动或摇转等也是错误的，都易使量具失去精度。

（5）温度对测量结果影响很大，零件的精密测量一定要使零件和量具都在 20 ℃ 的情况下进行测量。一般可在室温下进行测量，但必须使工件与量具的温度一致，否则由于金属材料热胀冷缩的特性，会使测量结果不准确。

温度对量具精度的影响也很大，量具不应放在阳光下或床头箱上，因为量具温度升高后，也量不出正确尺寸。更不要把精密量具放在热源（如电炉，热交换器等）附近，以免使量具受热变形而失去精度。

（6）不要把精密量具放在磁场附近，例如磨床的磁性工作台上，以免使量具感磁。

（7）发现精密量具有不正常现象时，如量具表面不平、有毛刺、有锈斑以及刻度不准、尺身弯曲变形、活动不灵活，等等，使用者不应当自行拆修，更不允许自行用榔头敲、锉刀锉、砂布打光等粗糙方法修理，以免增大量具误差。发现上述情况，使用者应当主动送计量站检修，并经检定量具精度后再继续使用。

（8）量具使用后，应及时擦干净，除不锈钢量具或有保护镀层者外，金属表面应涂上一层防锈油，放在专用的盒子里，保存在干燥的地方，以免生锈。

（9）精密量具应实行定期检定和保养，长期使用的精密量具要定期送计量站进行保养和检定精度，以免因量具的示值误差超差而造成产品质量事故。

项目小结

本项目主要学习的内容包括：测量的概念、分类；测量器具和测量误差的分类；随机误差的数据处理；用通用计量器具和光滑极限量规检测工件等。

测量是指为确定被测对象的量值而进行的实验过程，即测量是将被测量与测量单位或标准量在数值上进行比较，从而确定两者比值的过程。一个完整的几何量测量过程应包括以下四个要素：被测对象、计量单位、测量方法、测量精度。在测量技术领域和技术监督工作中，还经常用到检验和检定两个术语：检验是确定被检几何量是否在规定的极限范围内，从而判断其是否合格的实验过程；检定是指为评定计量器具的精度指标是否合乎该计量器具的检定规程的全部过程。

测量仪器和测量工具统称为计量器具，按其原理、结构特点及用途可分为基准量具、通用计量器具、极限量规和计量装置等。

按测得示值方式不同，测量方法可分为绝对测量和相对测量；按测量结果获得的方法不同可分为直接测量和间接测量；按同时测量被测参数的多少可分为单项测量和综合测量；按被测对象在测量过程中所处的状态可分为静态测量和动态测量；按被测表面与量仪间是否有机械作用的测量力可分为接触测量与不接触测量；按测量过程中决定测量精度的因素或条件是否相对稳定可分为等精度测量和不等精度测量。

误差分为随机误差和系统误差，随机误差的大小和方向是变化的，不能用修正值予以消除，但可用实验统计的方法对大量测得值做统计处理。随机误差的一般处理方法有：求算术平均值、求测量列中任一测得值的标准偏差、判断是否具有粗大误差、求测量列算术平均值的标准偏差等。

由于各种测量误差的存在，若按零件的最大下极限尺寸验收，当零件的实际尺寸处于上、下极限尺寸附近时，有可能将本来处于零件公差带内的合格品判为废品，或将本来处于零件公差带以外的废品误判为合格品，前者称为"误废"，后者称为"误收"。

国家标准规定的验收原则是：所用验收方法应只接收位于规定的极限尺寸之内的工件。为了保证这个验收原则的实现以及零件达到互换性要求，规定了验收极限。

量规按用途可分为工作量规、验收量规和校对量规。按被检工件类型分为塞规和卡规。制造量规也会产生误差，需要规定制造公差。光滑极限量规的设计应遵循泰勒原则。

❂ 思考与练习 ❂

一、填空题

1. 测量误差按其特性可分为_____、_____和_____三大类。

2. 一个完整的测量过程应包括_____、_____、_____和_____四要素。

3. 量块按"等"使用比按"级"使用精度_____。

4. 量规按检验的对象不同分为_____和_____两种；按用途不同分为_____、_____和_____三类。

5. 光滑极限量规的设计应遵循_____原则。

6. 计量器具的分度值是指_____，百分尺的分度值为_____mm。

7. 测量公称尺寸为 45 mm 的轴径，应选择测量范围为_____mm 的百分尺。

8. 测量器具所能读出的最大、最小值的范围称为_____。

9. 测量精度是指被测几何量的_____与_____的接近程度。

10. 按决定测量结果的全部因素或条件是否改变分类，测量可分为_____测量和_____测量。

二、判断题

(　　) 1. 使用的量块数越多，组出的尺寸越精确。

(　　) 2. 千分表的测量精度比百分表高。

(　　) 3. 测量范围与示值范围属同一概念。

(　　) 4. 游标卡尺两量爪合拢后，游标尺的零线应与主尺的零线对齐。

(　　) 5. 对某一尺寸进行多次测量，它们的平均值就是真值。

(　　) 6. 以多次测量的平均值作为测量结果可以减小系统误差。

(　　) 7. 加工误差只有通过测量才能得到，所以加工误差实质上就是测量误差。

(　　) 8. 实际尺寸就是真实的尺寸，简称真值。

(　　) 9. 量块按"等"使用时，量块的工件尺寸包含制造误差，也包含检定量块的测量误差。

三、选择题

1. 下列测量中属于间接测量的有（　　　），属于相对测量的有（　　　）。

A. 用外径百分尺测外径　　　　　　　　　B. 用内径百分表测内径

C. 用游标卡尺测量孔中心距　　　　　　　D. 用游标卡尺测外径

2. 计量器具的修正值和示值误差的关系是（　　　）。

A. 大小相等，符号相反　　　　　　　　　B. 大小相等，符号相同

3. 1/50 游标卡尺的精度为（　　　）。

A. 0.1 mm　　　　　B. 0.05 mm　　　　　C. 0.02 mm　　　　　D. 0.001 mm

4. 工作量规的通规是根据零件的（　　　）设计的，而止规是根据零件的（　　　）设计的。

A. 公称尺寸　　　　　B. 最大实体尺寸　　　　　C. 最小实体尺寸

5. 对某一尺寸进行系列测量得到一系列测量值，其测量精度明显受到环境温度的影响，此温度误差为（　　　）。

A. 系统误差　　　　　B. 随机误差　　　　　C. 粗大误差

6. 用比较仪测量零件时，调整仪器所用量块的尺寸误差按性质为（　　　）。

A. 系统误差　　　　　B. 随机误差　　　　　C. 粗大误差

7. 精密度表示测量结果中（　　　）影响的程度。

A. 系统误差大小　　　　　B. 随机误差　　　　　C. 粗大误差大小　　　　　D. 以上都是

四、简答题

1. 什么是测量？测量过程包含哪四个要素？

2. 什么是测量误差？测量误差有几种表示形式？为什么规定相对误差？

3. 测量误差按其性质可以分为几类？实际测量中对各类误差的处理原则是什么？

4. 测量精度分为哪几种？什么是安全裕度和验收极限？

5. 某计量器具在示值为 40 mm 处的示值误差为 +0.004 mm。当用该计量器具测量工件时，读数正好为 40 mm，试确定该工件的实际尺寸。

6. 用两种测量方法分别测量 100 mm 和 200 mm 两段长度，前者和后者的绝对测量误差分别为 +6 μm 和 −8 μm，试确定两者的测量精度哪个较高。

7. 某一测量范围为 0~25 mm 的千分尺，当活动测杆与测砧可靠接触时，其读数为 +0.02 mm，若用此千分尺测量工件直径，读数为 19.95 mm，则系统误差值和修正后的测量结果是多少？

五、综合题

1. 试从 83 块一套的量块中分别组合下列尺寸：28.785 mm；38.935 mm。

2. 用两种方法分别测量两个尺寸，设它们的真值分别为 $L_1 = 50$ mm 和 $L_2 = 80$ mm，如果测得值分别为 50.004 mm 和 80.006 mm，试评定哪一种方法测量精度较高。

3. 对同一几何量等精度连续测量 15 次，按测量顺序将各测量值记录如下（单位为：mm）：

40.039　40.043　40.040　40.042　40.041

40.043　40.039　40.040　40.041　40.042

40.041　40.041　40.039　40.043　40.041

设测量中不存在系统误差，试确定其测量结果。

4. 已知某轴尺寸为 $\phi 20f10$ 满足包容要求，试选择测量器具并确定验收极限。

5. 计算 $\phi 20H7/f6$ 配合的孔、轴用工作量规的极限偏差，并画出公差带图。

项目四　几何公差及检测

零件在加工过程中不仅会产生尺寸误差，还会产生形状、位置、方向、跳动等几何误差，它们同样会影响零件的使用功能。为了保证零件的互换性和工作精度要求，国家标准还规定了一系列几何公差。

任务一　几何公差概述

 任务描述与要求

图 4-1 所示为轴类零件的几何要素标注，试分析图中几何公差项目及其符号的含义。

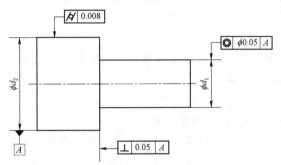

图 4-1　轴类零件的几何要素标注

任务分析

要完成此任务，学生需掌握几何公差中几何要素的概念及其分类、几何公差的项目及其符号等。

 任务知识准备

在机械加工过程中，工件、刀具机床的变形，相对运动的关系不准确，各种频率的振动以及定位不准确等原因，都会使零件几何要素的形状和相对位置产生误差（即形位误差）。形位误差不仅会影响该零件的互换性，而且还会影响整个产品的质量，使产品的寿命降低，因此必须对工件予以合理限制，即规定几何公差。

几何公差由形状公差、方向公差、位置公差和跳动公差组成，它是针对构成零件几何特征的点、线、面的几何形状和相互位置的误差所规定的公差。

一、几何要素的概念及其分类

1. 几何要素的概念

几何公差的研究对象是零件的几何要素（简称为"要素"），即构成零件几何特征的点（圆心、球心、中心点和交点等）、线（素线、轴线、中心线和曲线等）、面（平面、中心平面、圆柱面、圆锥面、球面和曲面等），如图4-2所示。

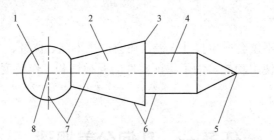

零件的几何要素

图4-2　零件的几何要素

1—球面；2—圆锥面；3—平面（端面）；4—圆柱面；
5—顶点；6—素线；7—中心线；8—球心

几何公差就是研究这些要素在形状及其相互间方向或位置方面的精度问题。

2. 几何要素的分类

几何要素可按不同的角度分类如下。

1）按存在的状态分为理想要素和实际要素

（1）理想要素（公称要素）是具有几何学意义的要素，它们不存在任何误差。机械零件图样上表示的要素均为理想要素。

（2）实际要素是零件上实际存在的要素，通常都以测得（提取）要素来代替。

2）按结构特征分为中心要素和轮廓要素

（1）轮廓（组成）要素是零件轮廓上的点、线、面，即可触及的要素。组成要素还分为提取组成要素和拟合组成要素。如图4-3所示的a、b、c、d_1、e、d_2。

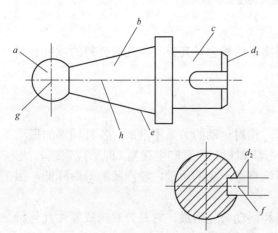

图4-3　轮廓要素和中心要素

（2）中心要素是可由轮廓要素导出的要素，如中心点、中心面或回转表面的轴线。标准规定："轴线"和"中心平面"用于表述理想形状的中心要素，"中心线"和"中心面"用于表述非理想形状的中心要素，即导出要素分为提取导出要素和拟合导出要素。如图4-3所示的h、g、f。

3）按所处地位分为基准要素和被测要素

（1）基准要素是用来确定理想被测要素的方向和位置的要素。基准要素在图样中都标有基准符号或基准代号。如图4-4（a）中ϕ30h6的轴线和图4-4（b）中的下平面。

（2）被测要素是在图样上给出了形状或（和）位置公差要求的要素，是检测的对象。如

图 4-4（a）中ϕ16H7 孔的轴线和图 4-4（b）中的上平面。

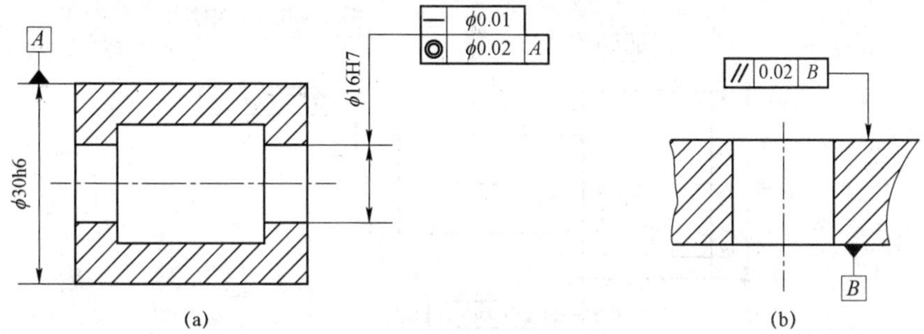

图 4-4　基准要素和被测要素

4）按功能关系分为单一要素和关联要素

（1）单一要素是仅对要素本身给出形状公差要求的要素。

（2）关联要素是对基准要素有功能关系要求而给出方向、位置和跳动公差要求的要素。如图 4-4（a）中ϕ16H7 孔的轴线相对于ϕ30h6 的轴线有同轴度要求，此时ϕ16H7 的轴线属于关联要素。同理，图 4-4（b）中的上平面相对于下平面有平行度要求，故上平面属于关联要素。

单一要素与关联要素

二、几何公差的特征项目及其符号

GB/T 1182—2008 规定了 14 种形状、方向和位置等公差的特征项目符号，其中形状公差有 4 个项目，轮廓公差有 2 个项目，定向公差有 3 个项目，定位公差有 3 个项目，跳动公差有 2 个项目。几何公差的每一个项目都规定了专门的符号，见表 4-1。

表 4-1　几何公差的特征项目及其符号

公差类型		几何特征	符号	有无基准	公差类型		几何特征	符号	有无基准
形状	形状	直线度	—	无	方向位置跳动	方向	平行度	//	有
		平面度	▱	无			垂直度	⊥	有
		圆度	○	无			倾斜度	∠	有
		圆柱度	⌭	无		位置	位置度	⌖	有或无
形状方向或位置	轮廓	线轮廓度	⌒	有或无			同轴度同心度	◎	有
							对称度	⌯	有
		面轮廓度	⌓	有或无		跳动	圆跳动	↗	有
							全跳动	⌰	有

任务实施

对图 4-1 中的几何公差项目及其符号含义的解释如图 4-5 所示。

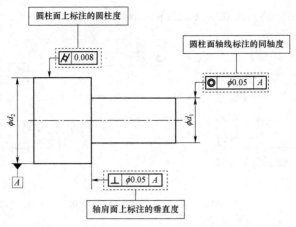

图4-5 几何公差项目及其符号含义的解释

任务二 几何公差的标注方法

 任务描述与要求

对如图4-6所示的轴类零件，按照要求进行标注。

（1）以ϕd_1轴线为基准A。

（2）ϕd_2轴线相对于基准A的同轴度公差为ϕt。

（3）ϕd_1外圆表面相对于基准A的圆跳动公差为ϕt。

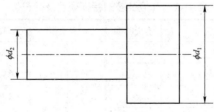

图4-6 轴类零件

>> **任务分析**

要完成此任务，学生需了解几何公差框格和基准符号，掌握几何公差的标注方法、注意事项以及几何公差的公差等级和公差值等。

 任务知识准备

一、几何公差框格和基准符号

当对零件的几何要素有几何公差要求时，应在设计图样上按 GB/T 1182—2008《产品几何技术规范（GPS）几何公差形状、位置和跳动公差标注》的规定，用几何公差框格、指引线和基准符号进行标注。

1. 几何公差框格及填写的内容

图4-7所示为几何公差框格，公差框格在图样上一般应水平放置，从左向右依次填写：第一格：几何特征符号。第二格：公差值。如果公差带为圆形或圆柱形，公差值前加注 ϕ；若公差带为球形，则公差值加注 $S\phi$。第三格及以后：基准。基准可多至3个，但先后有别，基准字母代号前后排列不同将有不同的含义。公差框格的高度是字高的2倍，机械制图的常用字高为3.5 mm，故公差框格的高度为7 mm。

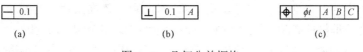

图4-7 几何公差框格

2. 框格指引线

公差框格与被测要素用指引线连接起来，指引线由细实线和箭头构成，它从公差框格的一端引出，并保持与公差框格垂直，引向被测要素时允许弯折，但弯折不能超过两次。

框格指引线的箭头应指向公差带的宽度方向或径向，如图4-8所示。

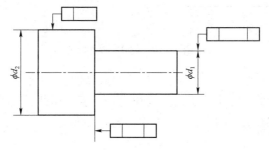

图4-8 框格指引线箭头方向

3. 基准符号与基准代号

标注基准要素时，将基准字母写在基准方格内，与一个涂黑的或空白的三角形相连。注意：基准字母必须水平书写。涂黑的和空白的基准三角形含义相同，通常使用涂黑三角形的较多。基准三角形必须紧贴基准要素，中间不留空，它的放置位置与公差框格指引线箭头类似，如图4-9所示。

单一基准要素的名称用大写拉丁字母 A、B、C 等表示。为避免混淆，标准规定字母 E、F、I、J、M、O、P、R 等不得采用。公共基准名称由组成公共基准的两基准名称字母在中间加一横线组成。在位置度公差中常采用三基面体系来确定要素间的相对位置，应将三个基准按第一基准、第二基准和第三基准的顺序从左至右分别标注在各小格中，而不一定是按 A、B、C 等字母的顺序排列。三个基准面的先后顺序是根据零件的实际使用情况，按一定的工艺要求人为确定的。通常第一基准选取最重要的表面，加工或安装时由三点定位，其余依次为第二基准（两点定位）和第三基准（一点定位），基准的多少取决于对被测要素的功能要求。

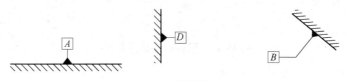

图4-9 基准代号

二、几何公差的标注方法

1. 被测要素的标注

标注被测要素时，要特别注意公差框格指引线箭头所指的位置和方向。

（1）当被测要素为轮廓要素（轮廓线或轮廓面）时，指示箭头应直接指向被测要素或其延长线上，并与尺寸线明显错开，如图4-10（a）所示。

（2）对视图中的一个面提出几何公差要求，有时可在该面上用一小黑点引出参考线，公差框格的指引线箭头则指在该参考线上，如图4-10（b）所示。

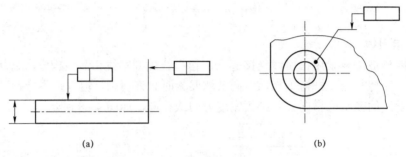

图4-10　轮廓要素标注

（3）当被测要素为中心要素（如中心点、圆心、轴线、中心线、中心平面）时，指引线的箭头应对准尺寸线，即与尺寸线的延长线相重合。若指引线的箭头与尺寸线的箭头方向一致，则可合并为一个。图4-11所示为中心要素标注示例。

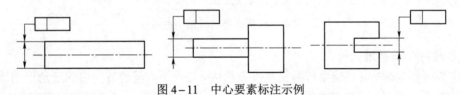

图4-11　中心要素标注示例

（4）当被测要素是圆锥体轴线时，指引线箭头应与圆锥体的大端或小端的尺寸线对齐，必要时也可以在圆锥体上任意部位增加一个空白尺寸线与指引线箭头对齐，如图4-12（a）所示。

（5）当以要限定的局部作为被测要素时，必须用粗点画线表示出其部位并且加注大小和位置尺寸，如图4-12（b）所示。

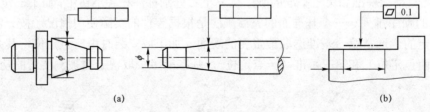

图4-12　锥体和局部要素标注

2. 基准要素的标注

（1）当基准要素是边线、表面等轮廓要素时，基准代号中的三角形应与基准要素的轮廓线或轮廓面贴合，也可以与轮廓的延长线贴合，但要与尺寸线明显错开，如图 4-13（a）所示。

基准要素的标注

（2）当受到图形限制，基准代号必须标注在某个面上时，可在该面上用一个小黑点引出参考线，基准代号则置于该参考线上，如图 4-13（b）所示。该面为环形表面。

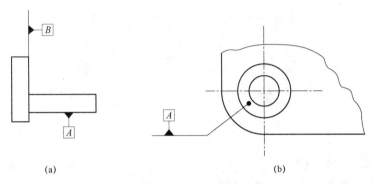

(a)　　　　　　　　　　　　　　(b)

图 4-13　轮廓基准要素标注

（3）当基准要素是中心点、轴线、中心平面等中心要素时，基准代号的连线应与该要素的尺寸线对齐，如图 4-14（a）所示。基准代号中的短横线也可以代替尺寸线中的一个箭头，如图 4-14（b）所示。

（4）当基准要素为圆锥体轴线时，基准代号上的连线应与基准要素垂直，即应垂直于轴线而不是垂直于圆锥的素线，而基准短横线应与圆锥素线平行，如图 4-14（c）所示。

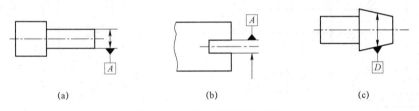

(a)　　　　　　　　　　(b)　　　　　　　　　(c)

图 4-14　中心基准要素标注

（5）当以要素的局部范围作为基准时，必须用粗点画线表示出其部位，并标注相应的范围和位置尺寸，如图 4-15 所示。

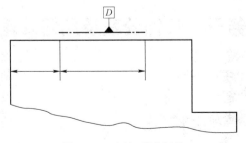

图 4-15　局部基准标注

任务实施

图 4-6 所示轴类零件几何公差的标注如图 4-16 所示。

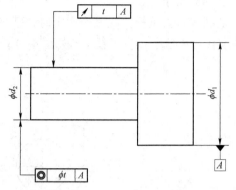

图 4-16　轴类零件几何公差的标注

课堂讨论

改正图 4-17 所示各项公差标注的错误。（直接在图上改，不改变几何公差项目）

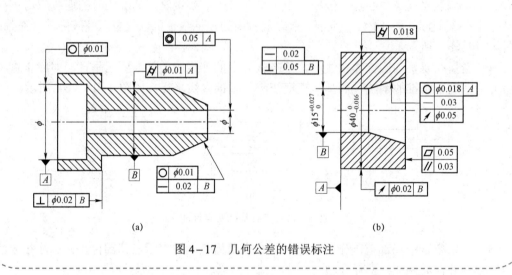

(a)　　　　　　　　　　　　　　　　(b)

图 4-17　几何公差的错误标注

任务三　几何公差及几何公差带

任务描述与要求

试分析图 4-18 中各公差项目的含义。

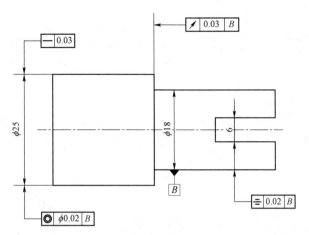

图 4-18 几何公差带及几何公差案例

◆ **任务分析**

要完成此任务，学生需要了解几何公差及几何公差带的含义及特性，掌握几何公差的公差带形状及含义，了解基准的选择及分类。

 任务知识准备

一、几何公差及几何公差带的概念

几何公差是实际被测要素对图样上给定的理想形状、理想位置的允许变动量，包括形状公差和位置公差。

几何公差带是由一个或几个理想的几何线或面所限定的，由线性公差值表示其大小的区域，有形状、大小、方向和位置四个要素。对被测要素规定的几何公差确定了公差带，该被测要素应限定在公差带之内。除非另有规定，否则公差适用于整个被测要素。除非有进一步限制的要求，否则被测要素在公差带内可以具有任何形状、方向或位置。

1. 公差带的形状

根据公差的几何特征及其标注方式，公差带的主要形状如图 4-19 所示。

2. 公差带的大小

公差带的大小指公差值的大小，表明几何精度的高低，应根据零件需要由设计者给出。按上述公差带的形状不同，公差带的大小可以为公差带的宽度或直径。

3. 公差带的方向

公差带的方向指的是公差带相对于基准的方向要求。形状公差带没有基准，方向由最小条件确定，随提取要素的具体情况变动；方向公差带和位置公差带的方向由基准确定。

4. 公差带的位置

公差带的位置指的是公差带相对于基准或理想位置的距离要求。形状公差带的位置同样由最小条件确定；方向公差带虽然确定了方向，但是其位置随提取要素的具体情况浮动；位置公差带的位置由基准确定。

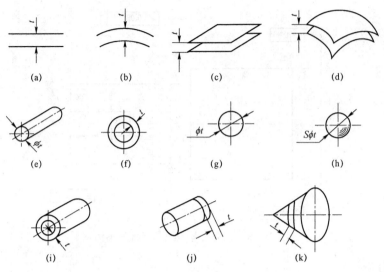

图4-19　公差带的主要形状

二、形状公差与公差带

形状公差包括直线度、平面度、圆度、圆柱度和线（面）轮廓度。

1. 直线度公差

1）给定平面内的直线度

公差带为间距等于公差值 t 的两平行直线所限定的区域，如图4-20所示。

除给定平面内的直线外，直线度通常还用于限制圆柱体或圆锥体素线的直线度误差。圆柱体的素线是圆柱体的纵截面与圆柱体的交线，是给定截面内的一条直线，如图4-21所示。

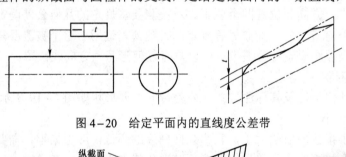

图4-20　给定平面内的直线度公差带

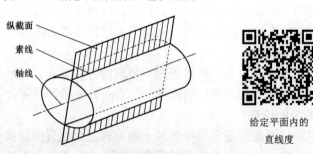

纵截面
素线
轴线

给定平面内的
直线度

图4-21　给定平面内的直线度

2）给定方向上的直线度公差

公差带为间距等于公差值 t 的两平行平面所限定的区域，如图4-22所示。

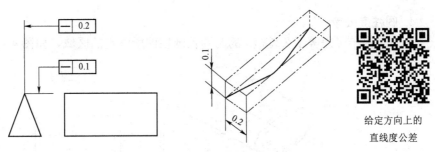

图 4-22　给定方向上的直线度公差

3）任意方向上的直线度公差

公差带为直径等于公差值 ϕt 的圆柱面所限定的区域，如图 4-23 所示。

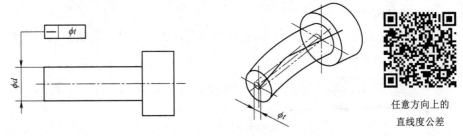

图 4-23　任意方向上的直线度公差

2. 平面度公差

公差带为间距等于公差值 t 的两平行平面所限定的区域，如图 4-24 所示。

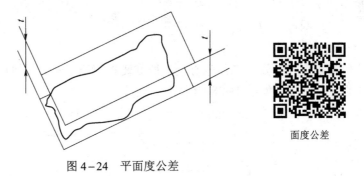

图 4-24　平面度公差

3. 圆度公差

公差带为在给定横截面内，半径差为公差值 t 的两同心圆所限定的区域，如图 4-25 所示。

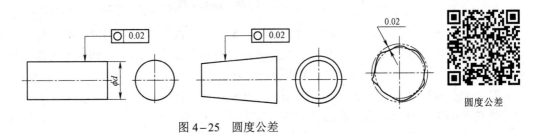

图 4-25　圆度公差

4. 圆柱度公差

公差带为半径差等于公差值 t 的两同轴圆柱面所限定的区域，如图 4-26 所示。

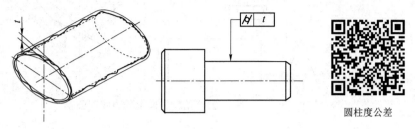

图 4-26　圆柱度公差

圆柱度公差

5. 线（面）轮廓度

1）线轮廓度

公差带为直径等于公差值 t，圆心位于具有理论正确几何形状上的一系列圆的两包络线所限定的区域，如图 4-27 所示。

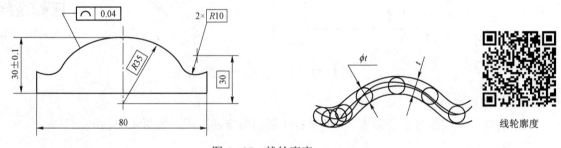

图 4-27　线轮廓度

线轮廓度

2）面轮廓度

公差带是直径为公差值 t，球心位于被测要素理论正确的几何形状上的一系列圆球的两包络面所限定的区域，如图 4-28 所示。

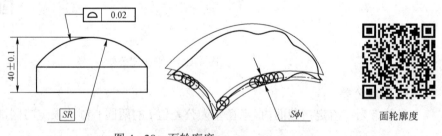

图 4-28　面轮廓度

面轮廓度

在形状公差、方向公差和位置公差中，都包含了线轮廓度和面轮廓度，它们用来限制曲线和曲面的轮廓误差。无基准时，其公差带只有两个要素，即形状和大小，作为形状公差；有方向基准时，其公差带有三个要素，即形状、大小和方向，作为方向公差；有位置基准时，其公差带有四个要素，即形状、大小、方向和位置，作为位置公差。如果轮廓度特征适用于横截面的整周轮廓或由该轮廓所示的整周表面，则应采用"全周"符号表示，即在公差框格指引线的弯折处画一个小圆。"全周"符号并不包括整个工件的所有表面，只包括由轮廓和公差标注所表示的各个表面。

三、位置公差与公差带

位置公差包括定向公差、定位公差和跳动公差。

1. 定向公差与公差带

定向公差包括平行度、垂直度和倾斜度。

1）平行度公差

（1）面对面的平行度公差。公差带是间距为公差值 t，平行于基准平面的两平行平面所限定的区域，如图4-29所示。

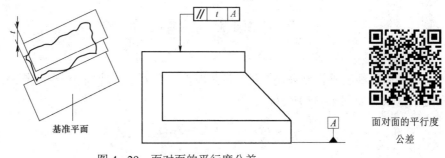

面对面的平行度公差

图4-29　面对面的平行度公差

（2）线对面的平行度公差。公差带是平行于基准平面，间距为公差值 t 的两平行平面所限定的区域，如图4-30所示。

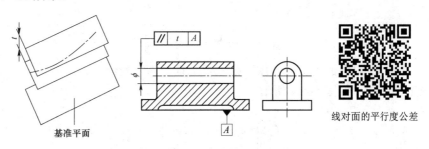

线对面的平行度公差

图4-30　线对面的平行度公差

（3）面对线的平行度公差。公差带是间距为公差值 t，平行于基准轴线的两平行平面所限定的区域，如图4-31所示。

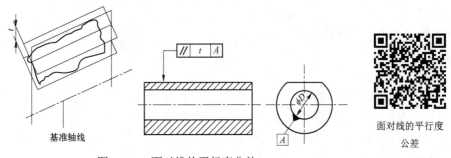

面对线的平行度公差

图4-31　面对线的平行度公差

（4）线对线的平行度公差。公差带为距离为公差值 t，且平行于基准轴线，并位于给定方向上的两平行平面的区域，如图4-32所示。

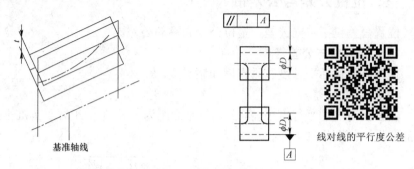

图4-32　线对线的平行度公差

2）垂直度公差

（1）面对线的垂直度公差。公差带是距离为公差值 t，且垂直于基准轴线的两平行平面所限定的区域，如图4-33所示。

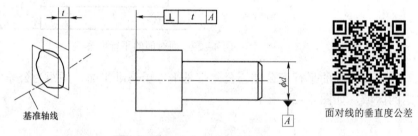

图4-33　面对线的垂直度公差

（2）线对面的垂直度公差。公差带是直径为公差值 ϕt，轴线垂直于基准平面的圆柱面所限定的区域，如图4-34所示。

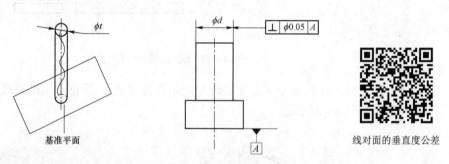

图4-34　线对面的垂直度公差

3）倾斜度公差

（1）面对面的倾斜度公差。公差带为间距等于公差值 t 的两平行平面所限定的区域，该两平行平面按给定角度倾斜于基准平面，如图4-35所示。

（2）线对面的倾斜度公差。公差带为直径等于公差值 ϕt 的圆柱面所限定的区域，且与基准平面（底平面）呈理论正确角度的圆柱面，如图4-36所示。

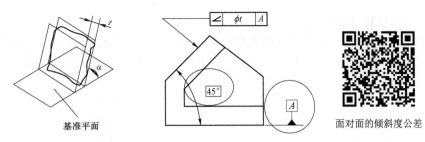

图4-35 面对面的倾斜度公差

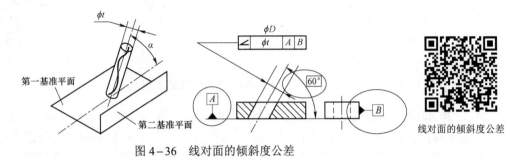

图4-36 线对面的倾斜度公差

2. 定位公差与公差带

定位公差包括同轴度、对称度和位置度。

1）同轴度公差

同轴度是限制被测要素的轴线对基准要素的轴线的同轴位置误差，公差带是直径为公差值ϕt，且以基准轴线为轴线的圆柱面所限定的区域，如图4-37所示。

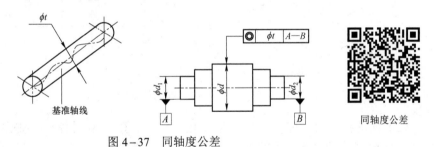

图4-37 同轴度公差

2）对称度公差

公差带为间距等于公差值 t，对称于基准中心平面（或中心线、轴线）的两平行平面所限定的区域，如图4-38所示。

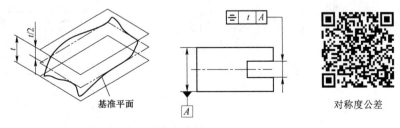

图4-38 对称度公差

3）位置度公差

（1）点的位置度公差。公差带为直径等于公差值 $S\phi t$ 的圆球面所限定的区域，该圆球面中心的理论正确位置由基准 A、B 和理论正确尺寸确定，如图 4-39 所示。

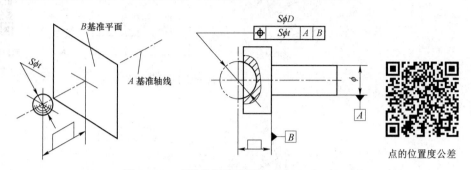

图 4-39　点的位置度公差

（2）线的位置度公差。当给定一个方向时，公差带为间距等于公差值 t，对称于直线的理论正确位置的两平行平面所限定的区域；任意方向上（见图 4-40），公差带是直径为公差值 ϕt 的圆柱面所限定的区域。该圆柱面的轴线位置由基准平面 A、C 和理论正确尺寸确定，如图 4-40 所示。

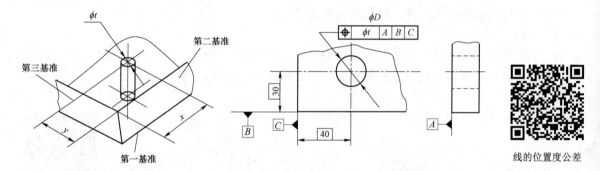

图 4-40　线的位置度公差

（3）面的位置度公差。公差带为间距等于公差值 t，且对称于被测面理论正确位置的两平行平面所限定的区域。面的理论正确位置由基准轴线、基准平面和理论正确尺寸确定，如图 4-41 所示。

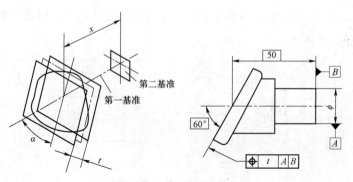

图 4-41　面的位置度公差

3. 跳动公差与公差带

跳动公差是指关联实际要素绕基准轴线回转一周或连续回转时所允许的最大跳动量，分为圆跳动和全跳动两类。圆跳动是指被测提取要素在某个测量截面内相对于基准轴线的变动量；全跳动是指整个被测提取要素相对于基准轴线的变动量。

1）圆跳动

（1）径向圆跳动公差。公差带为在任一垂直于基准轴线的横截面内，半径差为公差值 t，且圆心在基准轴线上的两同心圆所限定的区域，如图 4−42 所示。

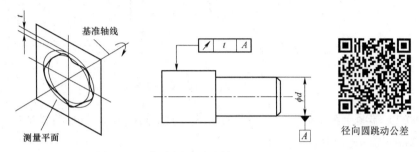

图 4−42　径向圆跳动公差

（2）端面圆跳动公差。公差带为与基准轴线同轴的任一半径的圆柱截面上，间距等于公差值 t 的两圆所限定的圆柱面区域，如图 4−43 所示。

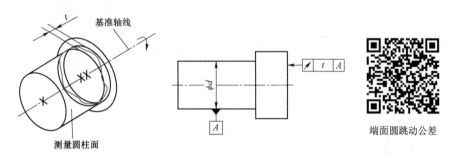

图 4−43　端面圆跳动公差

（3）斜向圆跳动公差。公差带为与基准轴线同轴的某一圆锥截面上，间距等于公差值 t 的两圆所限定的圆锥面区域（除非另有规定，否则测量方向应沿被测表面的法向），如图 4−44 所示。

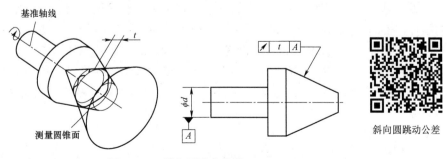

图 4−44　斜向圆跳动公差

2）全跳动

（1）径向全跳动公差。公差带是半径差为公差值 t，且与基准轴线同轴的两圆柱面之间的区域，如图 4-45 所示。

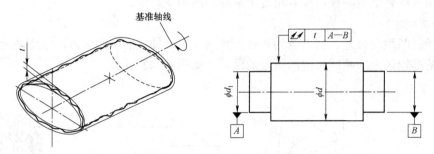

图 4-45　径向全跳动公差

（2）端面全跳动公差。公差带为距离等于公差值 t，且与基准线垂直的两平行平面之间的区域，如图 4-46 所示。

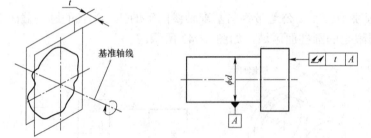

图 4-46　端面全跳动公差

端面全跳动公差

四、基准

1. 基准的分类

基准是零件上用来确定其他点、线、面位置所依据的那些点、线、面。按其功用的不同，基准可分为设计基准和工艺基准两大类。

基准

1）设计基准

设计基准是在零件图上所采用的基准，它是标注设计尺寸的起点。如图 4-47（a）所示的零件，平面 2、3 的设计基准是平面 1，平面 5、6 的设计基准是平面 4，孔 7 的设计基准是平面 1 和平面 4，而孔 8 的设计基准是孔 7 的中心和平面 4。在零件图上不仅标注的尺寸有设计基准，而且标注的位置精度同样具有设计基准，如图 4-47（b）所示的钻套零件，轴心线 $O-O$ 是各外圆和内孔的设计基准，也是两项跳动误差的设计基准，端面 A 是端面 B、C 的设计基准。

2）工艺基准

工艺基准是在工艺过程中使用的基准。工艺过程是一个复杂的过程，按用途的不同，工艺基准又可分为定位基准、工序基准、测量基准和装配基准。

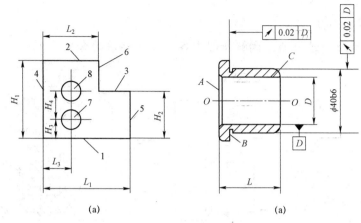

图 4-47　设计基准分析
1，2，3，4，5，6—平面；7，8—孔

工艺基准是在加工、测量和装配时使用的，必须是实际存在的，然而作为基准的点、线、面有时并不一定具体存在（如孔和外圆的中心线、两平面的对称中心面等），往往通过具体的表面来实现，用以体现基准的表面称为基面。例如，如图 4-47（b）所示的钻套的中心线是通过内孔表面来体现的，即内孔表面就是基面。

2. 基准的选择原则

选择基准时，一般应从以下几方面考虑。

（1）根据要素的功能及被测要素间的几何关系来选择基准。例如，轴类零件通常以连接轴承为支承运转，其运转轴线是以安装于轴承两轴颈的公共轴线为基准的。

（2）根据装配关系，应选择相互配合、相互接触的表面作为各自的基准，以保证装配要求。

（3）从加工、检验角度考虑，应选择在夹具、检具中定位的相应要素为基准，这样能使所选基准与定位基准、检测基准、装配基准重合，以消除由于基准不重合引起的误差。

（4）从零件的结构考虑，应选较大的表面、较长的要素作为基准，以便定位稳固、准确。对结构复杂的零件，一般应选三个相互垂直的平面作基准，以确定被测要素在空间上方向和位置。

 任务实施

图 4-18 中各公差项目的含义如下。

（1） $\boxed{-\ \ 0.03}$ 表示 $\phi25$ 轴的中心线的直线度为 0.03 mm。

（2） $\boxed{\odot\ \ \phi0.02\ \ |\ B}$ 表示 $\phi25$ 轴的中心线对 $\phi18$ 轴的中心线的同轴度为 0.02 mm。

（3） $\boxed{\nearrow\ \ 0.03\ \ |\ B}$ 表示 $\phi25$ 轴的右端面对 $\phi18$ 轴的中心线的端面圆跳动为 0.03 mm。

（4） $\boxed{=\ \ 0.02\ \ |\ B}$ 表示开口槽中心平面对 $\phi18$ 轴的中心线的对称度为 0.02 mm。

图4-48所示为一连杆轴，试解释图中各项公差标注的含义。

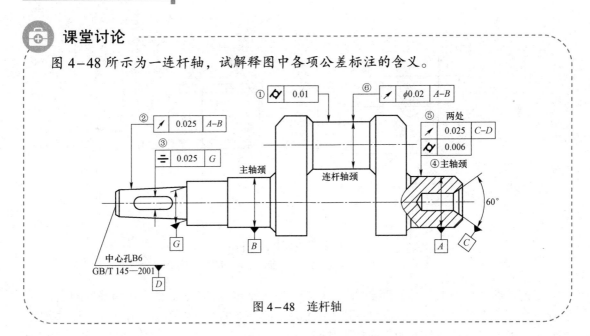

图4-48　连杆轴

任务四　几何公差原则及要求

📦 任务描述与要求

图4-49所示为轴套类零件的几何公差，其中 $A_1=A_2=A_3=\cdots=20.01$ mm，试填出图4-49中所列各值并判断该零件是否合格。

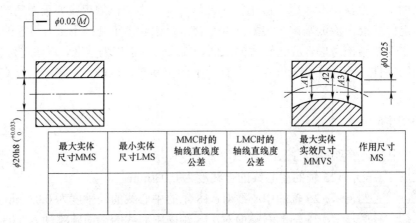

最大实体尺寸MMS	最小实体尺寸LMS	MMC时的轴线直线度公差	LMC时的轴线直线度公差	最大实体实效尺寸MMVS	作用尺寸MS

图4-49　轴套类零件的几何公差

▷ 任务分析

要完成此任务，学生需了解有关公差原则的术语及定义，以及独立原则、包容要求、最大实体要求和最小实体要求等内容。

任务知识准备

通常情况下，零件既有尺寸精度的要求，也有几何精度的要求，而公差原则是处理尺寸公差与几何公差之间关系的原则，有独立原则和相关要求。其中相关要求是图样上给定的尺寸公差和几何公差相互有关的公差要求，含包容要求、最大实体要求（MMR）和最小实体要求（LMR）。

一、有关几何公差原则的术语及定义

1. 体外作用尺寸（D_{fe}、d_{fe}）

在被测要素的给定长度上，与实际轴（外表面）体外相接的最小理想孔（内表面）的直径（或宽度）称为孔的体外作用尺寸 D_{fe}，如图 4-50（a）所示；与实际孔（内表面）体外相接的最大理想轴（外表面）的直径（或宽度）称为轴的体外作用尺寸 d_{fe}，如图 4-50（b）所示。

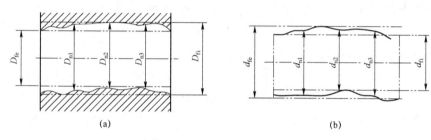

(a)   (b)

图 4-50　孔和轴的作用尺寸
（a）孔的体内、外作用尺寸；（b）轴的体内、外作用尺寸

2. 体内作用尺寸（D_{fi}、d_{fi}）

在被测要素的给定长度上，与实际轴（外表面）体内相接的最大理想孔（内表面）的直径（或宽度）称为孔的体内作用尺寸 D_{fi}，如图 4-50（a）所示；与实际孔（内表面）体内相接的最小理想轴（外表面）的直径（或宽度）称为轴的体内作用尺寸 d_{fi}，如图 4-50（b）所示。

注意：作用尺寸是局部实际尺寸与形位误差综合形成的结果，是存在于实际孔、轴上的，表示其装配状态的尺寸。

3. 最大实体状态和最大实体尺寸

最大实体状态 MMC 是指实际要素在给定长度上，处处位于极限尺寸之间并且实体最大（占有材料量最多）时的状态。最大实体状态下对应的极限尺寸称为最大实体尺寸 MMS。显然，孔的最大实体尺寸 D_M 就是孔的最小极限尺寸 D_{min}，即

$$D_M = D_{min} \tag{4-1}$$

轴的最大实体尺寸 d_M 就是孔的最大极限尺寸 d_{max}，即

$$d_M = d_{max} \tag{4-2}$$

4. 最小实体状态和最小实体尺寸

最小实体状态 LMC 是指实际要素在给定长度上，处处位于极限尺寸之间并且实体最小（占有材料量最少）时的状态。最小实体状态对应的极限尺寸称为最小实体尺寸 LMS。显然，孔的最小实体尺寸 D_L 就是孔的最大极限尺寸 D_{max}，即

$$D_L = D_{max} \tag{4-3}$$

轴的最小实体尺寸 d_L 就是孔的最小极限尺寸 d_{min}，即

$$d_L = d_{min} \tag{4-4}$$

5. 最大实体实效状态和最大实体实效尺寸

最大实体实效状态 MMVC 是指在给定长度上，实际要素处于最大实体状态，且其中心要素的形状或位置误差等于给出公差值时的综合极限状态。最大实体实效状态对应的体外作用尺寸称为最大实体实效尺寸 MMVS。对于孔，它等于最大实体尺寸 D_M 减去带有Ⓜ的几何公差值 t，即

$$D_{MV} = D_{min} - t\text{Ⓜ} \tag{4-5}$$

对于轴，它等于最大实体尺寸 d_M 加上带有Ⓜ的几何公差值 t，即

$$d_{MV} = d_{max} + t\text{Ⓜ} \tag{4-6}$$

6. 最小实体实效状态和最小实体实效尺寸

最小实体实效状态 LMVC 是指在给定长度上，实际要素处于最小实体状态，且其中心要素的形状或位置误差等于给出公差值时的综合极限状态。最小实体实效状态对应的体内作用尺寸称为最小实体实效尺寸 LMVS。对于孔，它等于最小实体尺寸 D_L 加上带有Ⓛ的几何公差值 t，即

$$D_{LV} = D_{max} + t\text{Ⓛ} \tag{4-7}$$

对于轴，它等于最小实体尺寸 d_M 减去带有Ⓛ的几何公差值 t，即

$$d_{LV} = d_{min} - t\text{Ⓛ} \tag{4-8}$$

📷 小提醒

注意：最大实体状态和最小实体状态只要求具有极限状态的尺寸，不要求具有理想形状的尺寸。最大实体实效状态和最小实体实效状态只要求具有实效状态的尺寸，不要求具有理想形状的尺寸。最大实体状态和最大实体实效状态由带有Ⓜ的几何公差值 t 相联系；最小实体状态和最小实体实效状态由带有Ⓛ的几何公差值 t 相联系。

7. 边界

边界是设计所给定的具有理想形状的极限包容面。这里需要注意的是，孔（内表面）的理想边界是一个理想轴（外表面），轴（外表面）的理想边界是一个理想孔（内表面）。依据极限包容面的尺寸，理想边界有最大实体边界 MMB、最小实体边界 LMB、最大实体实效边界 MMVB 和最小实体实效边界 LMVB，如图 4-51 所示。为方便记忆，以上有关公差原则的术语及对应的表示符号和公式见表 4-2。

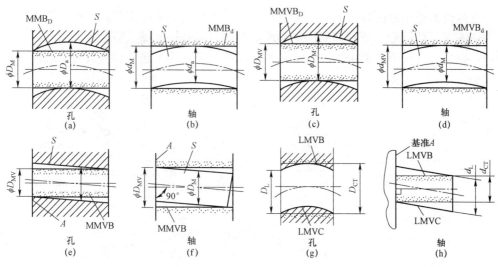

图 4-51 理想边界示意图

（a）单一孔的最大实体边界；（b）单一轴的最大实体边界；（c）单一孔的最大实体实效边界；
（d）单一轴的最大实体实效边界；（e）关联孔的最大实体实效边界；（f）关联轴的最大实体实效边界；
（g）单一孔的最小实体实效边界；（h）关联轴的最小实体实效边界

表 4-2 公差原则的术语及对应的表示符号和公式

术语	符号和公式	术语	符号和公式
孔的体外作用尺寸	$D_{fe}=D_a-f$	孔的最大实体边界尺寸	$D_M=D_{min}$
轴的体外作用尺寸	$d_{fe}=d_a+f$	轴的最大实体边界尺寸	$d_M=d_{max}$
孔的体内作用尺寸	$D_{fi}=D_a+f$	孔的最小实体边界尺寸	$D_L=D_{max}$
轴的体内作用尺寸	$d_{fi}=d_a-f$	轴的最小实体边界尺寸	$d_L=d_{min}$
最大实体状态	MMC	孔的最大实体实效边界尺寸	$D_{MV}=D_{min}-t\text{Ⓜ}$
最小实体状态	LMC	轴的最大实体实效边界尺寸	$d_{MV}=d_{max}+t\text{Ⓜ}$
最大实体实效状态	MMVC	孔的最小实体实效边界尺寸	$D_{LV}=D_{max}+t\text{Ⓛ}$
最小实体实效状态	LMVC	轴的最小实体实效边界尺寸	$d_{LV}=d_{min}-t\text{Ⓛ}$
最大实体尺寸	MMS	最大实体边界	MMB
最小实体尺寸	LMS	最小实体边界	LMB
最大实体实效尺寸	MMVS	最大实体实效边界	MMVB
最小实体实效尺寸	LMVS	最小实体实效边界	LMVB

二、独立原则

独立原则是几何公差和尺寸公差不相干的公差原则，或者说几何公差和尺寸公差要求是各自独立的。大多数机械零件的几何精度都是遵循独立原则的，尺寸公差控制尺寸误差，几何公差控制形位误差，图样上无须任何附加标注。尺寸公差包括线性尺寸公差和角度尺寸公差，以及未注公差的尺寸标注，其都是独立公差原则的实例。

独立原则的适用范围较广，尺寸公差和几何公差在两者要求都严、一严一松或两者要求都松的情况下，使用独立原则都能满足要求。例如，印刷机滚筒几何公差要求严、尺寸公差要求松；通油孔几何公差要求松、尺寸公差要求严；连杆的小头孔尺寸公差、几何公差要求都严，如图4-52所示。

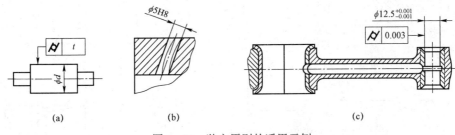

图4-52　独立原则的适用示例
（a）印刷机滚筒；（b）通油孔；（c）连杆

三、相关要求

1. 包容要求

包容要求适用于圆柱表面或两平行称表面，表示提取组成要素不得超越其最大实体边界（MMB），其局部尺寸不得超出最小实体尺寸（LMS）。不得超越的意思是不能越过边界到另一侧；不得超出的意思是提取组成要素必须留在尺寸公差带内部，对于轴是大于等于，对于孔是小于等于。采用包容要求的尺寸要素应在其尺寸极限偏差或公差带代号之后加注符号Ⓔ。

包容要求

如图4-53（a）所示，对于图中的轴，提取组成要素不得超越直径为$\phi 35.1$ mm的最大实体边界（MMB），同时其局部尺寸d_a不得小于最小实体尺寸$\phi 34.9$ mm，如图4-53（b）所示。如果被测要素是$\phi 35$ mm±0.1 mm的孔，则提取组成要素不得超越直径为$\phi 34.9$ mm的最大实体边界（MMB），同时其局部尺寸D_a不得大于最小实体尺寸$\phi 35.1$ mm。

几何误差由几何公差控制，相关要求的几何公差带是动态公差带，也就是说几何公差值与提取组成要素的局部尺寸有关。对于包容要求，最大实体状态下的几何公差值为0，当被测实际要素偏离最大实体状态时，几何公差获得补偿，补偿值即是偏离量。最小实体状态下几何公差值最大，即尺寸公差。

如图4-53（c）所示，当提取组成要素的局部尺寸d_a等于最大实体尺寸$\phi 35.1$ mm时，几何公差为0，不允许直线度有误差；当提取组成要素的局部尺寸d_a小于$\phi 35.1$ mm时，几何公差获得补偿，如当d_a等于$\phi 35$ mm时，提取组成要素的局部尺寸偏离最大实体尺寸的量为35.1－35＝0.1（mm），故此时几何公差为0.1 mm；当d_a等于$\phi 34.95$ mm时，偏离量为35.1－34.95＝0.15（mm），故此时几何公差为0.15 mm；当提取组成要素的局部尺寸等于最小实体尺寸$\phi 34.9$ mm时，偏离量最大，几何公差为尺寸公差0.2 mm，允许直线度有0.2 mm以内的误差。

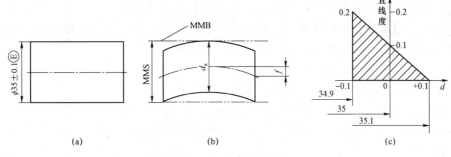

图 4-53　包容要求

2. 最大实体要求

最大实体要求（MMR）和最小实体要求（LMR）涉及组成要素的尺寸和几何公差的相互关系，这些要求只用于尺寸要素的尺寸及其导出要素几何公差的综合要求。

最大实体要求用Ⓜ表示，可分为两种情况，应用于注有公差的要素或基准要素。

最大实体要求

1）最大实体要求应用于注有公差的要素

符号Ⓜ标注在导出要素的几何公差值后（占同一格），如图 4-54（a）所示，对尺寸要素的表面有以下规定。

（1）提取组成要素的局部尺寸不得超出最大实体尺寸。不得超出的意思对于轴是小于等于，对于孔是大于等于。

（2）提取组成要素的局部尺寸不得超出最小实体尺寸。不得超出的意思对于轴是大于等于，对于孔是小于等于。

以上两条其实就是尺寸公差合格的条件。

（3）注有公差的要素的提取组成要素不得违反其最大实体实效状态或最大实体实效边界。

（4）当一个以上注有公差的要素用同一公差标注，或者是注有公差的要素的导出要素标注方向或位置公差时，其最大实体实效状态或最大实体实效边界要与各自基准的理论正确方向或位置相一致。

对于图中的轴，提取组成要素不得超越直径为$\phi35.1$ mm 的最大实体实效边界（MMVB），同时其局部尺寸 d_a 必须位于最大实体尺寸$\phi35$ mm 和最小实体尺寸$\phi34.9$ mm 之间，如图 4-54（b）所示。如果被测要素是$\phi30_{-0.01}^{0}$ mm 的孔，则提取组成要素不得超越直径为$\phi34.8$ mm 的最大实体实效边界（MMVB），同时其局部尺寸 D_a 必须位于最大实体尺寸$\phi34.9$ mm 和最小实体尺寸$\phi35$ mm 之间。

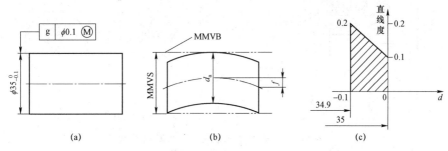

图 4-54　最大实体要求应用于注有公差的要素

最大实体要求的几何公差带也是动态公差带，最大实体状态下的几何公差值为标出值，当被测实际要素偏离最大实体状态时，几何公差获得补偿，补偿值即是偏离量。最小实体状态下几何公差值最大，为尺寸公差与标出几何公差之和。

如图 4-54（c）所示，当提取组成要素的局部尺寸 d_a 等于最大实体尺寸 $\phi 35$ mm 时，几何公差为注出值 0.1 mm；当提取组成要素的局部尺寸 d_a 小于 $\phi 35$ mm 时，几何公差获得补偿，如当 d_a 等于 $\phi 34.95$ mm 时，提取组成要素的局部尺寸偏离最大实体尺寸的量为 $35-34.95=0.05$（mm），故此时几何公差为注出值加补偿量 $0.1+0.05=0.15$（mm）；当提取组成要素的局部尺寸等于最小实体尺寸 $\phi 34.9$ mm 时，偏离量最大，等于公差值 0.1 mm，实际几何公差为 $0.1+0.1=0.2$（mm），允许直线度有 0.2 mm 以内的误差。

2）最大实体要求应用于基准要素

符号Ⓜ标注基准字母后，如图 4-55（a）所示，对基准要素的表面有以下规定。

（1）基准要素的提取组成要素不得违反基准要素的最大实体实效状态或最大实体实效边界。

（2）当基准要素的导出要素没有标注几何公差要求，或者注有几何公差但其后没有符号Ⓜ时，基准要素的最大实体实效尺寸为最大实体尺寸。

（3）当基准要素的导出要素注有形状公差，且其后有符号Ⓜ时，基准要素的最大实体实效尺寸为 MMS 加上（对外部要素）或减去（对内部要素）该形状公差值后的值。

"最大实体要求应用于注有公差的要素"改变的是几何公差带的大小，只要尺寸要素偏离最大实体尺寸，公差带就会增大。"最大实体要求应用于基准要素"改变的是几何公差带的位置，只要基准要素偏离最大实体尺寸，公差带就可以移动，移动范围由偏离量决定。两种最大实体要求经常一起使用，使得公差带增大的同时，位置也可以移动，从而令装配变得更容易。

若取一个横截面来观察公差带的话，如果注有公差的要素和基准要素都处于最大实体状态，即其尺寸分别为 $\phi 35$ mm 和 $\phi 45$ mm，则几何公差带位于理论位置，公差值为注出值 $\phi 0.1$ mm，如图 4-55（b）所示；当注有公差的要素偏离最大实体状态，即其尺寸在 $\phi 35$ mm 和 $\phi 34.9$ mm 之间变化时，几何公差在 $\phi 0.1$ mm 和 $\phi 0.2$ mm 之间变化，到达最小实体尺寸 $\phi 34.9$ mm 时，几何公差为 $\phi 0.2$ mm，如图 4-55（c）所示；当基准要素偏离最大实体状态，即其尺寸在 $\phi 45$ mm 和 $\phi 44.9$ mm 之间变化时，几何公差带相对理论正确位置可以有浮动，浮动量在 $\phi 0$ mm 和 $\phi 0.1$ mm 之间变化，当基准要素到达最小实体尺寸 $\phi 44.9$ mm 时，最大浮动量为 $\phi 0.1$ mm，如图 4-55（d）所示；如果注有公差的要素和基准要素都处于最小实体状态，则可以同时得到最大的几何公差值和最大浮动量，如图 4-55（e）所示。

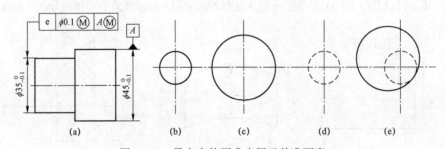

图 4-55 最大实体要求应用于基准要素

最小实体要求

3. 最小实体要求

最小实体要求和最大实体要求非常相似，用Ⓛ表示，也可分为两种情况，应用于注有公差的要素或基准要素。

1）最小实体要求应用于注有公差的要素

符号Ⓛ标注在导出要素的几何公差值后（占同一格），如图 4-56（a）所示，对尺寸要素的表面有以下规定。

（1）提取组成要素的局部尺寸不得超出最小实体尺寸。不得超出的意思对于轴是大于等于，对于孔是小于等于。

（2）提取组成要素的局部尺寸不得超出最大实体尺寸。不得超出的意思对于轴是小于等于，对于孔是大于等于。

以上两条其实就是尺寸公差合格的条件。

（3）注有公差的要素的提取组成要素不得违反其最小实体实效状态或最小实体实效边界。

（4）当一个以上注有公差的要素用同一公差标注，或者是注有公差的要素的导出要素标注方向或位置公差时，其最小实体实效状态或最小实体实效边界要与各自基准的理论正确方向或位置相一致。

2）最小实体要求应用于基准要素

符号Ⓛ标注在基准字母后，如图 4-56（b）所示，对基准要素的表面有以下规定。

（1）基准要素的提取组成要素不得违反基准要素的最小实体实效状态或最小实体实效边界。

（2）当基准要素的导出要素没有标注几何公差要求，或者注有几何公差但其后没有符号Ⓛ时，基准要素的最小实体实效尺寸为最小实体尺寸。

（3）当基准要素的导出要素注有形状公差，且其后有符号Ⓛ时，基准要素的最小实体实效尺寸为 LMS 减去（对外部要素）或加上（对内部要素）该形状公差值后的值。

最小实体要求应用并不广泛，了解即可。

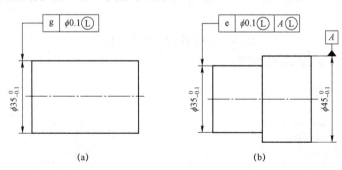

图 4-56　最小实体要求应用于基准要素

4. 可逆要求

可逆要求（RPR）是最大实体要求（MMR）或最小实体要求（LMR）的附加要求，不能单独使用，在图样上用符号Ⓡ标注在Ⓜ或Ⓛ之后，如图 4-57（a）所示。可逆要求仅用于注有公差的要素，使最大实体要求或最小实体要求的规定失效。也就是说，没有可逆要求时，只允许尺寸公差补偿几何公差，有了可逆要求，意味着几何公差也可以用于补偿尺寸公差，其最大实体实效状态或最小实体实效状态的尺寸不变，如图4-57（b）所示，只是充分利用了这个尺寸。其动态公差带如图4-57（c）所示。

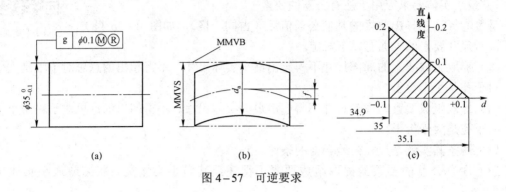

图4-57 可逆要求

 任务实施

由式（4-1）可知，最大实体尺寸（MMS）为
$$D_M = D_{min} = \phi 20 + \phi 10 = \phi 20 \ （mm）$$

由式（4-3）可知，最小实体尺寸（LMS）为
$$D_L = D_{max} = \phi 20 + \phi 0.033 = \phi 20.033 \ （mm）$$

MMC时的轴线直线度公差为
$$t = \phi 0.02 + \phi 0 = \phi 0.02 \ （mm）$$

LMC时的轴线直线度公差为
$$t = \phi 0.02 + \phi 0.033 = \phi 0.053 \ （mm）$$

由式（4-5）可知，最大实体实效尺寸（MMVS）为
$$D_{MV} = D_{min} - t_{\textcircled{M}} = \phi 20 - \phi 0.02 = \phi 19.98 \ （mm）$$

体外作用尺寸为
$$D_{fe} = D_a - f = \phi 19.985 \ （mm）$$

图4-49中各值如图4-58所示。

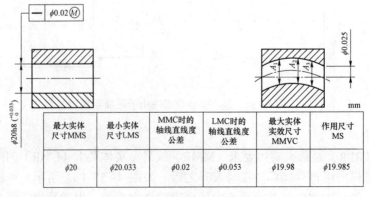

最大实体尺寸MMS	最小实体尺寸LMS	MMC时的轴线直线度公差	LMC时的轴线直线度公差	最大实体实效尺寸MMVC	作用尺寸MS
$\phi 20$	$\phi 20.033$	$\phi 0.02$	$\phi 0.053$	$\phi 19.98$	$\phi 19.985$

图4-58 计算数值

任务五 几何公差的选择

 任务描述与要求

图4-59所示为轴类零件图，试按技术要求进行标注。

（1）大端圆柱面的尺寸要求为 $\phi45_{-0.025}^{0}$ mm，采用包容要求。

（2）小端圆柱面轴线对大端圆柱面轴线有同轴度要求。

（3）小端圆柱面的尺寸要求为 $\phi25$ mm ± 0.007 mm，要求素线直线度，并采用包容要求。

（4）公差精度等级为8级。

▶ **任务分析**

要完成此任务，学生需了解几何公差值的标准和未注几何公差的规定，掌握几何公差的选用原则等内容。

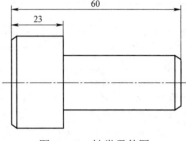

图4-59 轴类零件图

 任务知识准备

几何公差对零件的装配和使用性能有很大影响，在进行精度设计时，必须合理地选择几何特征、公差值、基准和公差原则。

一、几何特征的选择

选择几何特征可以从以下几个方面进行考虑。

1. 零件几何特性

不同的几何要素会产生不同的几何误差，如对圆柱形零件，可选择圆度、圆柱度、中心线直线度及圆跳动、全跳动等；平面零件可选择平面度、平行度；窄长平面可选择直线度；槽类零件可选择对称度、位置度；阶梯轴、孔可选择同轴度等。

2. 零件的功能要求

根据零件不同的功能要求，给出不同的几何公差。例如圆柱形零件，仅需要顺利装配时，可选中心线的直线度；如果孔、轴之间有相对运动，当需要均匀接触，或为保证密封性时，应标注圆柱度公差，以综合控制圆度、素线直线度和中心线直线度。又如为保证机床工作台或刀架的运动精度，可对导轨提出直线度要求；为使端盖上各螺栓孔能顺利装配，应规定孔组的位置度等。

3. 检测的方便性

确定几何特征时，要考虑到检测的方便性与经济性。例如对轴类零件，可用径向全跳动综合控制圆柱度、同轴度，用轴向全跳动代替端面对轴线的垂直度，因为跳动误差的检测非常方便，又能较好地控制相应的几何误差。

在满足功能要求的前提下，应尽量减少标注项目，以获得较好的经济效益。

二、几何公差值的选择

国家标准将几何公差值划分为不同的等级:直线度、平面度、平行度、垂直度、倾斜度、同轴度、对称度、圆跳动、全跳动划分为12级,即1~12级,1级精度最高,12级精度最低;圆度、圆柱度划分为13级,最高级为0级,见表4-3~表4-6。

表4-3　直线度和平面度公差值

主参数 L（D）/mm	公差等级											
	1	2	3	4	5	6	7	8	9	10	11	12
	公差值/μm											
≤10	0.2	0.4	0.8	1.2	2	3	5	8	12	20	30	60
>10~16	0.25	0.5	1	1.5	2.5	4	6	10	15	25	40	80
>16~25	0.3	0.6	1.2	2	3	5	8	12	20	30	50	100
>25~40	0.4	0.8	1.5	2.5	4	6	10	15	25	40	60	120
>40~63	0.5	1	2	3	5	8	12	20	30	50	80	150
>63~100	0.6	1.2	2.5	4	6	10	15	25	40	60	100	200
>100~160	0.8	1.5	3	5	8	12	20	30	50	80	120	250
>160~250	1	2	4	6	10	15	25	40	60	100	150	300
>250~400	1.2	2.5	5	8	12	20	30	50	80	120	200	400
>400~630	1.5	3	6	10	15	25	40	60	100	150	250	500
>630~1 000	2	4	8	12	20	30	50	80	120	200	300	600

注:主参数L（D）为轴、直线、平面的长度。

表4-4　圆度和圆柱度公差值

主参数 d（D）/mm	公差等级												
	0	1	2	3	4	5	6	7	8	9	10	11	12
	公差值/μm												
≤3	0.1	0.2	0.3	0.5	0.8	1.2	2	3	4	6	10	14	25
>3~6	0.1	0.2	0.4	0.6	1	1.5	2.5	4	5	8	12	18	30
>3~10	0.12	0.25	0.4	0.6	1	1.5	2.5	4	6	9	15	22	36
>10~18	0.15	0.25	0.5	0.8	1.2	2	3	5	8	11	18	24	43
>18~30	0.2	0.3	0.6	1	1.5	2.5	4	6	9	13	21	33	52
>30~50	0.25	0.4	0.6	1	1.5	2.5	4	7	11	16	25	39	62
>50~80	0.3	0.5	0.8	1.2	2	3	5	8	13	19	30	46	74
>80~120	0.4	0.6	1	1.5	2.5	4	6	10	15	22	35	54	87
>120~180	0.6	1	1.2	2	3.5	5	8	12	18	25	40	63	100
>180~250	0.8	1.2	2	3	4.5	7	10	14	20	29	46	72	115
>250~315	1.0	1.6	2.5	4	6	8	12	16	23	32	52	81	130
>315~400	1.2	2	3	5	7	9	13	18	25	36	57	89	140
>400~500	1.5	2.5	4	6	8	10	15	20	27	40	63	97	155

注:主参数d（D）为轴（孔）的直径。

表4-5 平行度、垂直度和倾斜度公差值

主参数 L、d（D）/mm	公差等级											
	1	2	3	4	5	6	7	8	9	10	11	12
	公差值/μm											
≤10	0.4	0.8	1.5	3	5	8	12	20	30	50	80	120
>10~16	0.5	1	2	4	6	10	15	25	40	60	100	150
>16~25	0.6	1.2	2.5	5	8	12	20	30	50	80	120	200
>25~40	0.8	1.5	3	6	10	15	25	40	60	100	150	250
>40~63	1	2	4	8	12	20	30	50	80	120	200	300
>63~100	1.2	2.5	5	10	15	25	40	60	100	150	250	400
>100~160	1.5	3	6	12	20	30	50	80	120	200	300	500
>160~250	2	4	8	15	25	40	60	100	150	250	400	600
>250~400	2.5	5	10	20	30	50	80	120	200	300	500	800
>400~630	3	6	12	25	40	60	100	150	250	400	600	1 000
>630~1 000	4	8	15	30	50	80	120	200	300	500	800	1 200

注：1. 主参数 L 为给定平行度时轴线或平面的长度，或给定垂直度、倾斜度时被测要素的长度。
2. 主参数 d（D）为给定面对线垂直度时，被测要素轴（孔）的直径。

表4-6 同轴度、对称度、圆跳动和全跳动公差值

主参数 L、d（D）/mm	公差等级											
	1	2	3	4	5	6	7	8	9	10	11	12
	公差值/μm											
≤1	0.4	0.6	1.0	1.5	2.5	4	6	10	15	25	40	60
>1~3	0.4	0.6	1.0	1.5	2.5	4	6	10	20	40	60	120
>3~6	0.5	0.8	1.2	2	3	5	8	12	25	50	80	150
>6~10	0.6	1.0	1.5	2.5	4	6	10	15	30	60	100	200
>10~18	0.8	1.2	2	3	5	8	12	20	40	80	120	250
>18~30	1	1.5	2.5	4	6	10	15	25	50	100	150	300
>30~50	1.2	2	3	5	8	12	20	30	60	120	200	400
>50~120	1.5	2.5	4	6	10	15	25	40	80	150	250	500
>120~250	2	3	5	8	12	20	30	50	100	200	300	600
>250~500	2.5	4	6	10	15	25	40	60	120	250	400	800
>500~800	3	5	8	12	20	30	50	80	150	300	500	1 000
>800~1 250	4	6	10	15	25	40	60	100	200	400	600	1 200

注：主参数 L、B、d（D）分别为中心距、被测要素的宽度、被测要素轴（孔）的直径。

对于位置度，国家标准没有规定公差等级，而是规定了公差值数系，如表4-7所示。

表4-7 位置度公差值数系

1	1.2	1.5	2	2.5	3	4	5	6	8
1×10^n	1.2×10^n	1.5×10^n	2×10^n	2.5×10^n	3×10^n	4×10^n	5×10^n	6×10^n	8×10^n

线、面轮廓度及同心度没有规定公差等级。

几何公差值的选择原则是：在满足零件功能要求的前提下，考虑工艺经济性和检测条件，

选择最经济的公差值。通常根据零件功能要求及结构、刚性和加工经济性等条件，采用类比法确定。表4-8～表4-11列出了各种几何公差等级的应用举例，供选择时参考。

表4-8 直线度、平面度公差等级应用举例

公差等级	应用举例
1, 2	用于精密量具、测量仪器及精度要求高的精密机械零件，如量块、零级样板、平尺、零级宽平尺、工具显微镜等精密量仪的导轨面等
3	1级宽平尺的工作面、1级样板平尺的工作面、测量仪器圆弧导轨的直线度量仪的测杆等
4	零级平板、测量仪器的V形导轨、高精度平面磨床的V形导轨和滚动导轨等
5	1级平板，2级宽平尺，平面磨床的导轨、工作台，液压龙门刨床导轨面，柴油机进气、排气阀门导杆等
6	普通机床导轨面、柴油机机体接合面等
7	2级平板、机床主轴箱接合面、液压泵盖、减速器壳体接合面等
8	机床传动箱体、挂轮箱体、溜板箱体、柴油机气缸体、连杆分离面、缸盖接合面，汽车发动机缸盖、曲轴箱接合面、液压管件和法兰连接面等
9	自动车床床身底面、摩托车曲轴箱体、汽车变速箱壳体、手动机械的支承面等

表4-9 圆度、圆柱度公差等级应用举例

公差等级	应用举例
0.1	高精度量仪主轴、高精度机床主轴、滚动轴承的滚珠和滚柱等
2	精密量仪主轴、外套、阀套高压油泵柱塞及套，纺锭轴承，高速柴油机进、排气门，精密机床主轴轴颈，针阀圆柱表面，喷油泵柱塞及柱塞套等
3	高精度外圆磨床轴承、磨床砂轮主轴套筒，喷油器针阀、高精度轴承内外圈等
4	较精密机床主轴、主轴箱孔，高压阀门，活塞、活塞销，阀体孔，高压油泵柱塞，较高精度滚动轴承配合轴，铣削动力头箱体孔等
5	一般计量仪器主轴、测杆外圆柱面，陀螺仪轴颈，一般机床主轴轴颈及轴承孔，柴油机、汽油机的活塞及活塞销，与P6级滚动轴承配合的轴颈等
6	一般机床主轴及前轴承孔，泵、压缩机的活塞、气缸，汽油发动机凸轮轴，纺机锭子，减速传动轴轴颈，高速船用发动机曲轴，拖拉机曲轴主轴颈，与P6级滚动轴承配合的外壳孔，与P0级滚动轴承配合的轴颈等
7	大功率低速柴油机曲轴轴颈、活塞、活塞销、连杆、气缸，高速柴油机箱体轴承孔，千斤顶或压力油缸活塞，机车传动轴，水泵及通用减速器转轴轴颈，与P0级滚动轴承配合的外壳孔等
8	低速发动机，大功率曲柄轴轴颈，压气机连杆盖、体，拖拉机气缸、活塞，炼胶机冷铸轴辊，印刷机传墨辊，内燃机曲轴轴颈，柴油机凸轮轴孔，凸轮轴，拖拉机、小型船用柴油机气缸套等
9	空气压缩机缸体，液压传动筒，通用机械杠杆与拉杆用套筒销子，拖拉机活塞环，套筒孔

表4-10 平行度、垂直度、倾斜度、轴向圆跳动公差等级应用举例

公差等级	应用举例
1	高精度机床、测量仪器、量具等主要工作面和基准面等
2, 3	精密机床、测量仪器、量具、模具的工作面和基准面，精密机床的导轨，重要箱体主轴孔对基准面的要求，精密机床主轴轴肩端面，滚动轴承座圈端面，普通机床的主要导轨，精密刀具的工作面和基准面等
4, 5	普通机床导轨，重要支承面，机床主轴孔对基准的平行度，精密机床重要零件，计量仪器、量具、模具的工作面和基准面，床头箱体重要孔，通用减速器壳体孔，齿轮泵的油孔端面，发动机轴和离合器的凸缘，气缸支承端面，安装精密滚动轴承壳体孔的凸肩等
6, 7, 8	一般机床的工作面和基准面，压力机和锻锤的工作面，中等精度钻模的工作面，机床一般轴孔对基准的平行度，变速器箱体孔，主轴花键对定心直径部位轴线的平行度，重型机械轴承盖端面，卷扬机、手动传动装置中的传动轴，一般导轨、主轴箱孔，刀架，砂轮架，气缸配合面对基准轴线，活塞销孔对活塞中心线的垂直度，滚动轴承内、外圈端面对轴线的垂直度等
9, 10	低精度零件，重型机械滚动轴承端盖、柴油机、煤气发动机箱体曲轴孔、曲轴颈、花键轴和轴肩端面，皮带运输机法兰盘等端面对轴线的垂直度，手动卷扬机及传动装置中的轴承端面，减速器壳体平面等

表4-11 同轴度、对称度、径向跳动公差等级应用举例

公差等级	应用举例
1，2	精密测量仪器的主轴和顶尖、柴油机喷油器针阀等
3，4	机床主轴轴颈、砂轮轴轴颈、汽轮机主轴、测量仪器的小齿轮轴、安装高精度齿轮的轴颈等
5	机床轴颈、机床主轴箱孔、套筒、测量仪器的测量杆、轴承座孔、汽轮机主轴、柱塞油泵转子、高精度轴承外圈、一般精度轴承内圈等
6，7	内燃机曲轴、凸轮轴轴颈、柴油机机体主轴承孔、水泵轴、油泵柱塞、汽车后桥输出轴、安装一般精度齿轮的轴颈、涡轮盘、测量仪器杠杆轴、电动机转子、普通滚动轴承内圈、印刷机传墨辊的轴颈、键槽等
8，9	内燃机凸轮轴孔、连杆小端铜套、齿轮轴、水泵叶轮、离心泵体、气缸套外径配合面对内径工作面、运输机械滚筒表面、压缩机十字头、安装低精度齿轮用轴颈、棉花精梳机前后滚子、自行车中轴等

选择几何公差等级时还需要注意以下几点。

（1）对同一被测要素同时给出形状、方向和位置公差时，形状公差＜方向公差＜位置公差。

（2）圆柱形零件的形状公差（除中心线的直线度）应小于尺寸公差，平行度公差应小于相应的距离公差。

（3）在满足零件功能要求的前提下，对于下列情况应适当降低1～2级精度：细长的轴或孔；距离较大的轴或孔；宽度大于二分之一长度的零件表面；线对线和线对面相对于面对面的平行度；线对线和线对面相对于面对面的垂直度。

（4）有关标准已作出规定的按照相应标准确定，如与滚动轴承配合的轴和孔的圆柱度公差、机床导轨的直线度公差等。

（5）注意协调形状公差与表面粗糙度之间的关系。通常情况下，表面粗糙度 Ra 的数值占形状误差值的20%～25%。

和尺寸公差的一般公差一样，几何公差也有未注公差值，由工厂的一般制造精度保证，不需要标注和检测。直线度、平面度、垂直度、对称度、圆跳动的未注公差值分为H、K、L三个等级，精度依次降低，应在标题栏附近或在技术要求、技术文件（如企业标准）中注出标准号及公差等级代号"GB/T 1184—X"。

三、公差原则的选择

公差原则主要根据被测要素的功能要求、零件尺寸大小和检测的方便性来选择，应充分利用给出的尺寸公差带，并考虑用被测要素的几何公差补偿其尺寸公差的可能性。例如，孔或轴采用包容要求时，它的尺寸公差带得到了充分利用，经济效益较高。但另一方面，包容要求的形状公差完全取决于提取组成要素的局部尺寸偏离最大实体尺寸的数值。如果提取组成要素的局部尺寸处处皆为最大实体尺寸或者趋近于最大实体尺寸，那么它必须具有理想形状或者接近理想形状才合格，而实际上极难加工出这样精确的形状。又如中小零件应用包容要求可以用量规检测，但是大型零件难以使用笨重的量规，因此可以考虑采用独立原则。表4-12列出了几种公差原则和公差要求选择的示例，可供参考。

表4-12 公差原则和公差要求选择示例

公差原则	应用场合	示 例
独立原则	尺寸精度与形位精度需要分别满足要求	齿轮箱体孔的尺寸精度与两孔轴线的平行度；连杆活塞销孔的尺寸精度与圆柱度；滚动轴承内、外圈滚道的尺寸精度与形状精度

公差原则	应用场合	示 例
独立原则	尺寸精度与形位精度要求相差较大	滚筒类零件尺寸精度要求很低，形状精度要求较高；平板的尺寸精度要求不高，形状精度要求很高；通油孔的尺寸有一定精度要求，形状精度无要求
	尺寸精度与形位精度无联系	滚子链条的套筒或滚子内、外圆柱面的轴线同轴度与尺寸精度；发动机连杆上的尺寸精度与孔轴线间的位置精度
	保证运动精度	导轨的形状精度要求严格，尺寸精度一般
	保证密封性	气缸的形状精度要求严格，尺寸精度一般
	未注公差	凡未注尺寸公差与未注形位公差的都采用独立原则，如退刀槽、倒角、圆角等非功能要求
包容要求	保证国标规定的配合性质	如$\phi30H17$Ⓔ孔与$\phi30h6$Ⓔ轴的配合，可以保证配合的最小间隙等于零
	尺寸公差与形位公差间无严格比例关系要求	一般的孔与轴配合，只要求作用尺寸不超越最大实体尺寸、局部实际尺寸不超越最小实体尺寸
最大实体要求	保证关联作用尺寸不超越最大实体尺寸	关联要素的孔与轴有配合性质要求，在公差框格的第二格标注Ⓜ
	保证可装配性	如轴承盖上用于穿过螺钉的通孔、法兰盘上用于穿过螺栓的通孔
最小实体要求	保证零件强度和最小壁厚	如孔组轴线任意方向的位置度公差，采用最小实体要求可保证孔组间的最小壁厚
可逆要求	与最大（最小）实体要求联用	能充分利用公差带，扩大被测实际尺寸的变动范围，在不影响使用性能要求的前提下可以选用

四、基准要素的选择

基准是确定关联要素间方向和位置的依据。选择基准时，需要选择基准部位、基准数量和基准顺序，一般从以下几方面考虑。

（1）根据零件各要素的功能要求，一般以主要配合表面，如轴颈、轴承孔、安装定位面、重要的支承面等作为基准，如轴类零件，常以两个轴承为支承运转，其运动轴线是安装轴承的两段轴颈的共有轴线，因此选择这两处轴颈的公共轴线为基准。

（2）根据装配关系应选择零件上相互配合、相互接触的定位要素作为各自的基准。如盘、套类零件，一般以其内孔轴线径向定位或以其端面轴向定位装配，因此根据需要可选其轴线或端面作为基准。

（3）根据加工定位的需要和零件结构，应选择较宽大的平面、较长的轴线作为基准，以使定位稳定。对于结构复杂的零件，一般应选三个基准面，根据对零件使用要求影响的程度，确定基准的顺序。

（4）根据检测的方便程度，应选择在检测中装夹定位的要素为基准，并尽可能将装配基准、工艺基准与检测基准统一起来。

任务实施

（1）小端圆柱面直径为 25 mm，公差等级为 8 级，查表 4-6 得同轴度公差值为 25 μm。

（2）小端面长度为 37 mm，公差等级为 8 级，查表 4-3 得直线度公差值为 15 μm。

（3）图 4-59 的标注如图 4-60 所示。

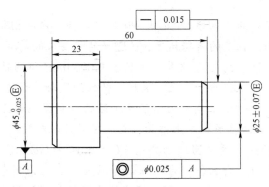

图4-60 轴类零件几何公差标注

课堂讨论

图4-61所示为减速器的输出轴，两轴径$\phi55j6$与P0级滚动轴承内圈相配合，在两轴颈上安装滚动轴承后，将分别与减速器箱体的两孔配合；$\phi62$ mm处的两轴肩都是止推面，起一定的定位作用；$\phi56r6$和$\phi45m6$分别与齿轮和带轮配合。根据以上要求，试选择合理的几何公差并在图中进行标注。

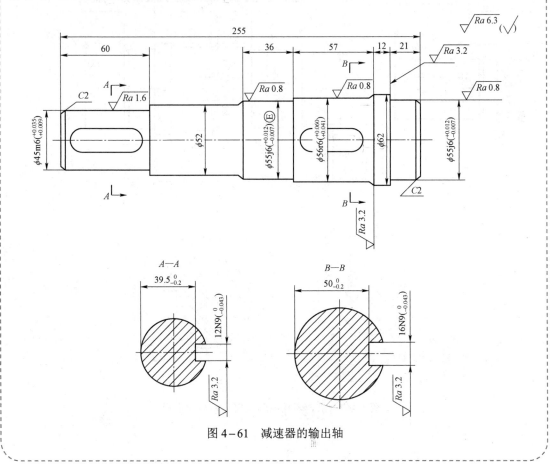

图4-61 减速器的输出轴

解析： 减速器输出轴的两轴颈 $\phi55j6$ 与 P0 级滚动轴承内圈相配合，为保证配合性质，应采用包容要求；为保证轴承的旋转精度，在遵循包容要求的前提下，还应该满足圆柱度公差的要求，由 GB/T 275—2015 查得其公差值为 0.005 mm。该两轴颈上安装滚动轴承后，将分别与减速器箱体的两孔配合，因此需限制两轴颈的同轴度误差，以保证轴承外圈和箱体孔的安装精度，为检测方便，实际给出了两轴颈的径向圆跳动公差 0.025 mm（跳动公差 7 级）。$\phi62$ mm 处的两轴肩都是止推面，起一定的定位作用，为保证定位精度，提出了两轴肩相对于基准轴线的端面圆跳动公差 0.015 mm（由 GB/T 275—1993 查得）。$\phi56r6$ 和 $\phi45m6$ 分别与齿轮和带轮配合，为保证配合性质，也应采用包容要求，为保证齿轮的运动精度，对于齿轮配合的 $\phi56r6$ 圆柱还应给出基准轴线的径向圆跳动公差 0.025 mm（跳动公差 7 级）。对 $\phi56r6$ 与 $\phi45m6$ 轴颈上的键槽 16N9 和 12N9 都应给出对称度公差 0.02 mm（对称度公差 8 级），以保证键槽的安装精度和安装后的受力状态，具体标注如图 4-62 所示。

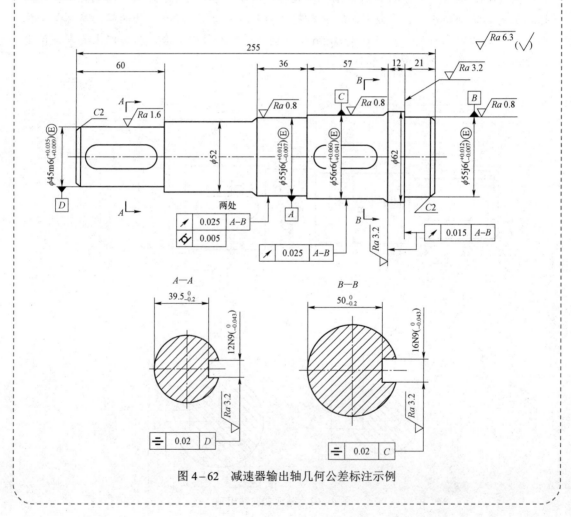

图 4-62　减速器输出轴几何公差标注示例

任务六　几何公差的检测

任务描述与要求

用水平仪法测量直线度误差，所用水平仪的分度值为 $i=0.02$ mm/m，桥板跨距 $L=200$ mm。测量时共测 8 个跨距（9 个测点），测得的原始数据见表 4-13 第 2 行。试按最小包容区域法确定直线度误差值。

表4-13　水平仪法测量直线度数据

测点序号 i	0	1	2	3	4	5	6	7	8
水平仪读数/格	—	+16	+6	0	−1.5	−1.5	+3	+3	+9
相对高度差/μm	0	+24	+24	0	−6	−6	+12	+12	+36
高度差累计值/μm	0	+24	+48	+48	+42	+36	+48	+60	+96

任务知识准备

GB/T 1958—2004 对几何误差的检测原则以及各误差项目的检测方案作了详细规定，限于篇幅，本任务将只介绍几何误差的检测原则以及直线度误差、平面度误差的基本检测方法和数据处理方法。

一、形位误差的检测原则

1. 检测原则

几何误差的检测方法有很多，究其原理可归纳为 5 种原则。

1）与拟合要素比较原则

将被测提取要素与其拟合要素相比较，量值由直接法或间接法获得，拟合要素用模拟方法获得，如图 4-63 所示。可以用具有足够几何精度的实物（如刀口尺的刃口）或自准直仪的光束、水平仪的水平线、圆度仪的运动轨迹等来模拟拟合要素，该原则应用最为广泛。

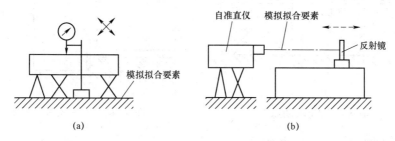

图 4-63　与拟合要素比较原则

（a）量值由直接法获得；（b）量值由间接法获得

2）测量坐标值原则

测量被测提取要素的坐标值（如直角坐标值、极坐标值、圆柱面坐标值），并经过数据处理获得几何误差值，如图4-64所示。可采用三坐标测量机、工具显微镜等。

3）测量特征参数原则

测量被测提取要素上具有代表性的参数（即特征参数）来表示几何误差值，如两点法测量圆度误差，即通过测量横截面上的局部尺寸，以其最大差值的一半作为圆度误差，如图4-65所示。该原则往往可以简化测量过程和设备，但是得到的结果比较粗略。

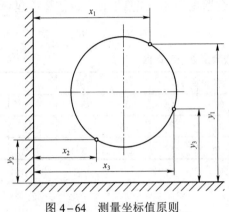

图4-64 测量坐标值原则

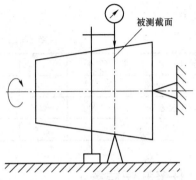

图4-65 测量特征参数原则

4）测量跳动原则

被测提取要素绕基准轴线回转的过程中，沿给定方向测量其对某参考点或线的变动量，如图4-66所示。变动量是指示计的最大与最小示值之差。测量跳动时除可直接按定义检测圆跳动和全跳动外，在某些情况下还可以得到圆度误差、圆柱度误差和垂直度误差。

5）控制实效边界原则

检验被测提取要素是否超过实效边界，以判断合格与否。如图4-67所示，若功能量规能"通过"被测要素，则表示与被测导出要素相对应的组成要素未超过实效边界。

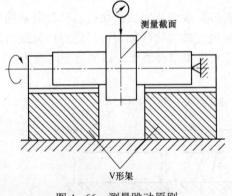

图4-66 测量跳动原则

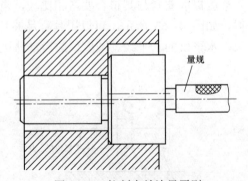

图4-67 控制实效边界原则

2. 测量几何误差时的标准条件

（1）标准温度为20 ℃；

（2）标准测量力为零。

必要时应由偏离标准条件对测量结果影响的测量不确定度进行评估。

二、直线度误差的检测与评定

1. 直线度误差的检测方法

按照测量原理、测量器具及测量基准等可将直线度误差的检测方法分为四类：直接法、间接法、组合法和量规检验法，如图 4-68 所示。以下仅介绍直接法中的指示计法和间接法中的水平仪法。

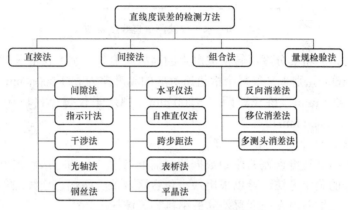

图 4-68　直线度误差的检测方法

1）指示计法

指示计法是通过使指示计在测量基准上沿被测提取直线移动（或指示计固定，被测工件在测量基准上移动），以平板上的素线或精密导轨体现测量基线，按选定的布点提取由指示计示值反映出的测量数据，再经数据处理评定出直线度误差。

图 4-69 所示为在平板上用指示计法测量窄长平面（例如导轨表面）直线度误差（可视为给定平面内的直线度误差）的测量示意图。测量时，首先将被测直线两端大致调为等高，选取测量点（一般等间距布点），然后使指示计在平板上沿被测直线方向（X 向）间断移动，依次测出各测点相对测量基准的 Z 坐标值（指示计示值）并记录下来，作为直线度误差测量的原始数据。

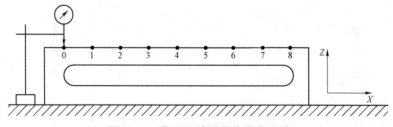

图 4-69　指示计法测量直线度误差

2）水平仪法

水平仪法以水平面作为测量基准，用水平仪以等距、首尾衔接的方式依次测出两点连线的倾角，再通过数据处理评定出直线度误差。

图 4-70 所示为用水平仪法测量直线度误差的测量示意图。测量时，首先将被测直线两端大致调为等高，并将水平仪（分度值为 i）固定在桥板上（跨距为 L），按跨距布点；然后

沿被测直线依次首尾衔接地将桥板跨在相邻的两个测点上，从水平仪上读出这两点连线倾角所对应的示值（为"+"时表示后点比前点高，为"−"时表示后点比前点低）并记录下来，作为直线度误差测量的原始数据。

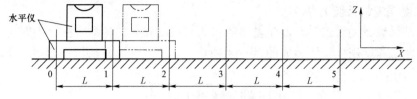

图 4−70　水平仪法测量直线度误差

使用水平仪时，应将其分度值转换成测点的高度差值。若水平仪的分度值为 i（mm/m）、桥板的跨距为 L（mm），则水平仪每个格值所对应的高度差为 $iL/1\,000$（mm）。例如，某水平仪的分度值 $i=0.02$ mm/m，桥板跨距 $L=200$ mm，则水平仪每个格值所对应的高度差为 $0.02\times 200/1\,000=0.004$（mm）。

2. 直线度误差的评定

通过测量获得的直线度误差的原始数据后，需要按照一定的方法确定出直线度误差值。按照评定基准直线的确定方法，可以采用最小包容区域法、两端点连线法、最小二乘法等。以下只介绍评定给定平面内直线度误差的最小包容区域法。

首先根据测量的原始数据（或转换后的数据）按适当比例画出反映被测直线的直线度误差曲线，然后用一对平行直线去接触并包容该曲线，如图 4−71 所示。若各接触点符合下列两种情形之一，则这对平行直线所限定的区域就是直线度误差的最小包容区域，最小包容区域沿 Z 向的宽度就是直线度误差值。

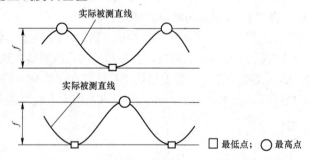

图 4−71　直线度误差最小包容区域判别准则

（1）一个最低点在两个最高点之间。

（2）一个最高点在两个最低点之间。

上述两个条件称为判别直线度误差最小包容区域的"相间准则"。

例 4−1　用指示计法测量某导轨的直线度误差，共测 9 点，测量的原始数据见表 4−14，试按最小包容区域法确定直线度误差值。

表 4−14　用指示计法测量的原始数据

测点序号 i	0	1	2	3	4	5	6	7	8
指示计示值 $Z/\mu m$	0	+4	+6	−2	−4	0	+4	+8	+6

解：根据测量的原始数据画出直线度误差曲线（见图4−72）。

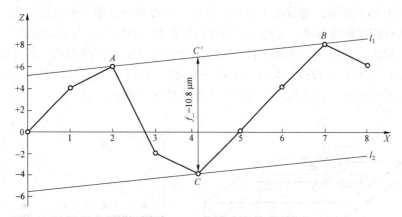

图4−72　例4−1的直线度误差曲线

根据直线度误差曲线的形态及各测点的 Z 值，找出确定最小包容区域的一对平行直线。如图4−72所示，平行直线 l_1 和 l_2 包容误差曲线并与其相接触，三个接触点 A、C、B 符合相间准则中的"高"—"低"—"高"分布，因此由 l_1 和 l_2 所限定的区域就是最小包容区域。

直线度误差值为最小包容区域的宽度，可以根据两包容线上对应点的 Z 值计算得到，例如根据第4点（两包容线上对应点分别为 C、C'）的 Z 值计算，由于

$$Z_C = Z_4 = -4 \ \mu m$$

$$Z_{C'} = Z_2 + \frac{Z_7 - Z_2}{7 - 2} \times (4 - 2) = +6.8 \ \mu m$$

因此直线度误差值

$$f_- = \left| Z_{C'} - Z_C \right| = 10.8 \ \mu m$$

三、平面度误差的检测与评定

1. 平面度误差的检测方法

按照测量原理、测量器具及测量基准等，平面度误差的检测方法分为直接法、间接法和组合法三大类，如图4−73所示。以下仅介绍直接法中的指示计法和间接法中的水平仪法。

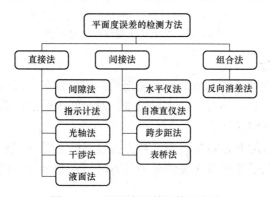

图4−73　平面度误差的检测方法

1）指示计法

如图 4-74（a）所示，将被测工件用支承置于平板或计量器具的工作台上，用平板或计量器具的工作台模拟测量基准。通过支承调整被测表面（若按三远点平面法评定平面度误差，则应使平面上相距最远的三点等高；若按对角线平面法评定平面度误差，则应分别使两对角线的端点等高），然后在平板或计量器具工作台上移动指示计，指示计的最大读数与最小读数之差即为按三远点平面法或对角线平面法评定出来的平面度误差值。

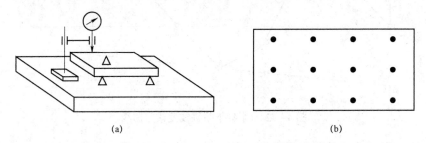

(a)　　　　　　　　　　　(b)

图 4-74　指示计法测量平面度误差

若按最小包容区域法或最小二乘法评定平面度误差，则只需使被测面与模拟测量基准大致平行即可，但应事先布点，如图 4-74（b）所示，以便于数据处理。移动指示计到各测点处，记录下指示计在各测点处的示值，作为平面度误差测量的原始数据。

2）水平仪法

如图 4-75 所示，该方法是将固定有水平仪的桥板置于被测平面上，然后按照一定的布点形式首尾衔接地移动桥板，测出相邻两点连线对测量基准面的倾角，进而得到两点的相对高度差以及各点对某一参考点（通常为测量起始点）的绝对高度（参见水平仪法测量直线度误差部分）。根据被测面的形状、尺寸不同，布点形式也有许多种，详情请参阅有关文献。

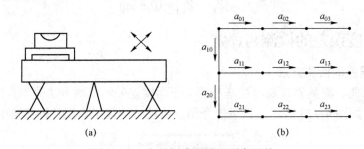

(a)　　　　　　　　　　　(b)

图 4-75　水平仪法测量平面度误差

2. 平面度误差的评定

通过测量获得的平面度误差测量的原始数据后，需要按照一定的方法确定出平面度误差值。平面度误差的评定方法主要有三远点平面法、对角线平面法、最小二乘法和最小包容区域法。以下只介绍最小包容区域法。

用一对平行平面去接触并包容被测面，若各接触点符合图 4-76 中的情形之一，则这对平行平面所限定的区域就是平面度误差的最小包容区域，最小包容区域沿高度方向的宽度就是平面度误差值。

（1）一个最低点位于三个最高点所构成的三角形之内或一个最高点位于三个最低点所构

成的三角形之内——三角形准则，如图4-76（a）所示；

（2）两个最高点的连线与两个最低点的连线交叉——交叉准则，如图4-76（b）所示；

（3）一个最低点位于两个最高点之间或一个最高点位于两个最低点之间——直线准则，如图4-76（c）所示。

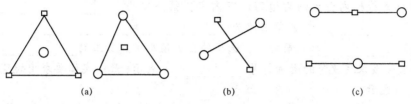

图4-76 平面度误差最小包容区域的判别

□—最高点；○—最低点

（a）三角形准则；（b）交叉准则；（c）直线准则

 任务实施

处理水平仪法的测量数据时，主要应注意以下两个问题。

（1）由于水平仪的直接读数对应于其倾斜的角度，因此应将其转换成后一测点对前一测点的相对高度差。水平仪每个格值所对应的相对高度差取决于其分度值i和桥板跨距L，其值为$iL/1\,000$。本例中，$iL/1\,000=0.004\,\text{mm}=4\,\mu\text{m}$，即水平仪每格读数对应着$4\,\mu\text{m}$的相对高度差。表4-13中第3行为转换后的相对高度差。

（2）统一高度基准，获取相对于同一点的绝对高度。例如，以第0点为零高度，则其后各点的高度依次应为各跨距相对高度差的累计值（表4-13中第4行）。

随后的处理方法与例4-1相同，请读者自行分析。图4-77所示为本例的直线度误差曲线，直线度误差值为$f=36\,\mu\text{m}$。

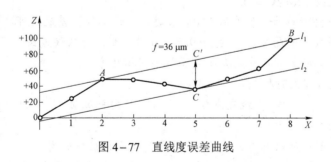

图4-77 直线度误差曲线

学习检测

◈ **填空题**

1. 公差原则是确定_____和_____相互关系的原则。

2. 标注几何公差时，若被测要素是组成要素，则指引箭头应_____；若被测要素是导出要素，则指引箭头应_____。

3. 孔中心线直线度公差带的形状为_____。

4. 几何公差中属于形状公差的项目有_____、_____、_____和_____。

5. 几何公差框格内自左向右填写以下内容：第一格为_____；第二格为_____；第三格为_____和_____。

6. 在满足_____的前提下，选择的公差值应考虑加工的_____。

7. 最大实体要求用规范的附加符号_____表示；最小实体要求用规范的附加符号_____表示。

8. 线轮廓度公差和_____，它们可以无基准要求也可以有基准要求，前者属于_____，后者属于_____。

9. 采用包容要求的尺寸要素应在其尺寸的_____或_____之后加注_____。

10. 国标规定，公差原则包括_____和相关要求，相关要求又包括_____、_____、_____及其可逆要求。

11. 要素的位置公差可以同时控制该要素的_____、_____和形状误差。

选择题

1. 对于径向全跳动公差，下列论述正确的有（   ）。

A. 属于形状公差   B. 属于位置公差

C. 属于跳动公差   D. 与同轴度公差带形状相同

E. 当径向全跳动误差不超差时，圆柱度误差肯定也不超差

2. 对于轴 $\phi 10_{-0.015}^{0}$ Ⓔ，有（   ）。

A. 被测要素遵守 MMC 边界

B. 被测要素遵守 MMVC 边界

C. 当提取组成要素的局部尺寸为 $\phi 10$ mm 时，允许形状误差最大可达 0.015 mm

D. 当提取组成要素的局部尺寸为 $\phi 9.985$ mm 时，允许形状误差最大可达 0.015 mm

E. 提取组成要素的局部尺寸应大于等于最小实体尺寸

3. 圆柱度公差可以同时控制（   ）。

A. 圆度   B. 素线直线度   C. 径向全跳动   D. 同轴度

E. 轴线对端面的垂直度

4. 几何公差带形状是距离为公差值 t 的两平行平面内区域的有（   ）。

A. 平面度   B. 任意方向的线的直线度

C. 面对面的平行度   D. 任意方向的线的位置度

5. 下列要素中，不属于组成要素的是（   ）。

A. 球面   B. 圆柱面   C. 球心   D. 圆锥面

6. 当公差带的形状为两平行直线时，适用的公差特征项目是（   ）。

A. 同轴度   B. 平面度   C. 圆柱度   D. 位置度

7. 几何公差注出公差值的选择首先应考虑的是（   ）。

A. 加工的可能性   B. 满足零件功能要求

C. 加工的经济性　　　　　　　　　　　D. 加工的工艺性

8. 如果需要就某个要素给出几种几何特征的公差，则可将一个公差框格放在另一个的（　　　）。

A. 下方　　　　　　B. 上方　　　　　　C. 左边　　　　　　D. 右边

9. 遵循独立原则时给出的几何公差为定值，不随（　　　）的变化而变化。

A. 作用尺寸　　　　　　　　　　　　　B. 提取组成要素的局部尺寸

C. 实体实效尺寸　　　　　　　　　　　D. 实体尺寸

10. 轴向全跳动公差带的形状是（　　　）。

A. 两圆柱面　　　　　B. 圆球面　　　　　C. 两同心圆　　　　　D. 两平行平面

◈ **问答题**

1. 国标规定了哪些几何特征？符号是什么？分为几类？

2. 几何公差带的四要素是什么？形状公差、方向公差、位置公差的公差带有什么特点？

3. 几何公差带有哪些形状？

4. 什么是最小条件？什么是最小包容区域？

5. 比较下列几组几何公差的异同。

（1）平面度和平行度。

（2）圆度和圆柱度。

（3）圆度和径向圆跳动。

（4）圆柱度和径向全跳动。

（5）两平面的平行度和两平面的对称度。

（6）轴向全跳动和端面对轴线的垂直度。

（7）轴向全跳动和平面度。

6. 基准的作用是什么？常见的基准有哪些形式？

7. 什么是公差原则？分为哪几种？用于什么场合？

8. 举例说明什么是动态公差带。

9. 什么是最大实体边界和最大实体实效边界？

10. 几何公差值的选择原则是什么？应考虑哪些情况？

◈ **综合题**

1. 改正题图 4-1 中几何公差标注的错误（不改变几何特征）。

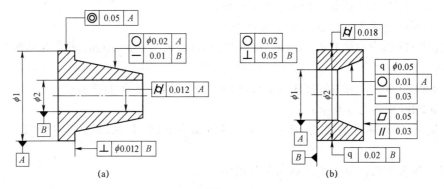

(a)　　　　　　　　　　　　　　　　(b)

题图 4-1

2. 说明题图 4-2 中几何公差的含义。

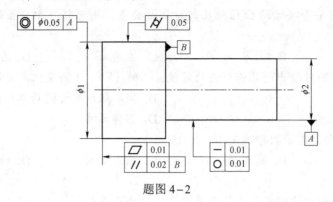

题图 4-2

3. 将下列各项几何公差要求标注在题图 4-3 上。

（1）$\phi40P7$ 的孔遵守包容要求；

（2）左端面凸台平面的平面度公差为 0.005 mm；

（3）左端面凸台平面对 $\phi40P7$ 孔轴线的垂直度公差为 0.010 mm；

（4）右凸台端面对左凸台端面的平行度公差为 0.020 mm；

（5）$\phi100h6$ 圆柱表面的圆度公差为 0.005 mm；

（6）$\phi100h6$ 圆柱轴线对 $\phi40P7$ 孔轴线的同轴度公差为 $\phi0.015$ mm。

4. 将下列各项几何公差要求标注在题图 4-4 上。

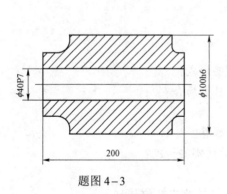

题图 4-3   题图 4-4

（1）$\phi30H7$ 内孔表面圆度公差为 0.006 mm；

（2）$\phi15H7$ 内孔表面圆柱度公差为 0.008 mm；

（3）$\phi30H7$ 孔中心线对 $\phi15H7$ 孔轴线的同轴度公差为 $\phi0.05$ mm，并且被测要素采用最大实体要求；

（4）$\phi30H7$ 孔底端面对 $\phi15H7$ 孔轴线的轴向圆跳动公差为 0.05 mm；

（5）$\phi35h6$ 采用包容要求；

（6）圆锥面的圆度公差为 0.01 mm，圆锥面对 $\phi15H7$ 孔轴线的斜向圆跳动公差为 0.05 mm。

5. 将下列各项几何公差要求标注在题图 4-5 上。

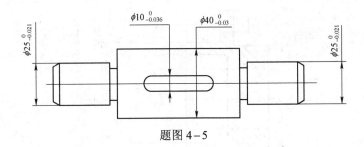

题图 4-5

（1）$\phi 40_{-0.03}^{0}$ mm 圆柱面对 $2 \times \phi 25_{-0.021}^{0}$ mm 公共轴线的圆跳动公差为 0.01 mm；

（2）$2 \times \phi 25_{-0.021}^{0}$ mm 轴颈的圆度公差为 0.01 mm；

（3）$\phi 40_{-0.03}^{0}$ mm 左右端面对 $2 \times \phi 25_{-0.021}^{0}$ mm 公共轴线的端面圆跳动公差为 0.02 mm；

（4）键槽 $10_{-0.036}^{0}$ mm 中心平面对 $\phi 40_{-0.03}^{0}$ mm 轴线的对称度公差为 0.015 mm。

6. 将下列各项几何公差要求标注在题图 4-6 上。

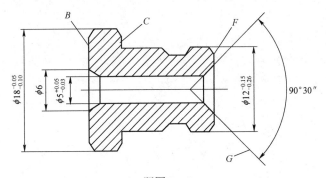

题图 4-6

（1）$\phi 5_{-0.03}^{+0.05}$ mm 孔的圆度公差为 0.004 mm，圆柱度公差为 0.006 mm；

（2）B 面的平面度公差为 0.008 mm，B 面对 $\phi 5_{-0.03}^{+0.05}$ mm 孔轴线的端面圆跳动公差为 0.02 mm，B 面对 C 面的平行度公差为 0.03 mm；

（3）平面 F 对 $\phi 5_{-0.03}^{+0.05}$ mm 孔轴线的端面圆跳动公差为 0.02 mm；

（4）$\phi 18_{-0.10}^{-0.05}$ mm 的外圆柱面轴线对 $\phi 5_{-0.03}^{+0.05}$ mm 孔轴线的同轴度公差为 0.08 mm；

（5）$90°30''$ 密封锥面 G 的圆度公差为 0.025 mm，G 面的轴线对 $\phi 5_{-0.03}^{+0.05}$ mm 孔轴线的同轴度公差为 0.012 mm；

（6）$\phi 12_{-0.26}^{-0.15}$ mm 外圆柱面轴线对 $\phi 5_{-0.03}^{+0.05}$ mm 孔轴线的同轴度公差为 0.08 mm。

7. 将下列各项几何公差要求标注在题图 4-7 上。

（1）$\phi 160 f6$ 外圆表面对 $\phi 85 K7$ 轴线的径向全跳动公差为 0.03 mm；

（2）$\phi 150 f6$ 外圆表面对 $\phi 85 K7$ 轴线的径向圆跳动公差为 0.02 mm；

（3）左端面的平面度公差为 0.02 mm，对 $\phi 150 f6$ 外圆轴线的垂直度公差为 0.03 mm；

（4）右端面对 $\phi 160 f6$ 外圆轴线的轴向全跳动公差为 0.03 mm；

（5）$\phi 125 H6$ 孔中心线对 $\phi 85 K7$ 轴线的同轴度公差为 $\phi 0.05$ mm；

（6）$5 \times \phi 21$ mm 孔的中心线对以 $\phi 160 f6$ 外圆轴线为基准、理论正确尺寸为 $\phi 210$ mm 的位置度公差为 $\phi 0.125$ mm，并且被测要素和基准要素均采用最大实体要求。

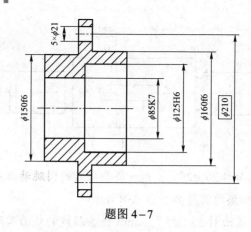

题图 4-7

项目五　表面粗糙度的检测

表面结构是零件三大精度之一,对零件的使用性能有很大的影响,是精度设计必须考虑的问题,所以本章是本教材中重要的基础内容。

任务一　表面粗糙度概述

任务描述与要求

图 5-1 所示为回转体零件表面粗糙度的标注,试确定符号所表示的内容。

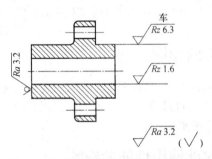

图 5-1　回转体零件表面粗糙度的标注

任务分析

要完成此任务,需要掌握表面粗糙度的含义、基本概念及其对机械零件使用性能的影响。

任务知识准备

表面粗糙度

一、表面粗糙度的基本概念

由于加工过程中刀具和零件间的摩擦、工艺系统的高频振动等因素的影响,经过机械加工之后的零件表面总是存在具有较小间距的峰、谷组成的微量高低不平的痕迹。表述这些峰、谷的高低程度和间距状况的微观几何形状特性的术语,称为表面粗糙度,用符号"√"表示。表面粗糙度越小,表面越光滑。

表面粗糙度对零件的使用性能、可靠性和寿命有直接影响。我国对表面粗糙度标准进行了多次修订,本任务以 GB/T 3505—2009《产品几何技术规范(GPS)表面结构轮廓法术语、定义及表面结构参数》为例介绍表面粗糙度的相关内容，同时简要介绍 GB/T 1031—2009 和 GB/T 131—2006 两个国家标准关于表面粗糙度标准的不同之处。

机械零件的表面经过加工后，都会存在几何形状误差。几何形状误差分为宏观几何形状误差（形状误差）、微观几何形状误差（表面粗糙度）和介于两者之间的表面波纹度三类。三者之间并没有严格的界限，通常按照波距的大小来划分，波距大于 2.5 mm 的属于形状误差，波距为 0.5～2.5 mm 的属于表面波纹度，波距小于 0.5 mm 的属于微观几何形状误差，即表面粗糙度，如图 5-2 所示。

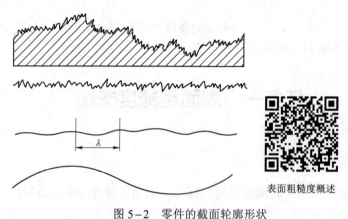

表面粗糙度概述

图 5-2　零件的截面轮廓形状

二、表面粗糙度产生的原因

表面粗糙度是存在于实际表面上的微观几何形状误差。一般来说，它的波距和波高都比较小，主要是由切削加工过程中的刀痕、刀具和工件表面的摩擦、切屑分离时产生的塑性变形以及工艺系统的高频振动等所形成的。

三、表面粗糙度对零件使用性能的影响

表面粗糙度对产品的使用性能有着许多方面的影响。

1. 对摩擦、磨损的影响

由于零件表面存在微观几何形状误差，当两个零件表面接触时，只能在两个表面的若干凸出的峰顶之间接触，所以实际的接触面积只是理论接触面积的很小的一部分。若两个表面越粗糙，则摩擦阻力越大，磨损也就越快，零件的耐磨性越差。但是，当表面极光滑时，会不利于润滑油的储存，并且两表面之间的分子吸附力增大，会使两表面间的接触力增强，也会增加摩擦和磨损，同时精细表面的生产成本增高。因此，有相对运动的接触面应规定合理的表面粗糙度。

2. 对疲劳强度的影响

承受运动负荷的零件大多是由表面产生疲劳裂纹而造成失效的，疲劳裂纹主要是由表面微观波纹的波谷所造成的应力集中引起的。表面越粗糙，应力集中现象越严重，零件的疲劳强度越低。表面粗糙度对零件疲劳强度的影响与零件的材料有关，钢制零件影响较大，铸铁件因其组织松散而影响较小，有色金属零件影响更小。

3. 对耐腐蚀性的影响

金属零件的腐蚀主要由化学和电化学反应所致。表面越粗糙，腐蚀介质越容易存积在零件表面上的微观凹谷处，通过其向金属内层渗透，造成零件表面的锈蚀。

4. 对配合性能的影响

对于有配合要求的表面，表面粗糙度会影响配合性质的稳定性。对于间隙配合，配合的孔、轴做相对运动时，由于表面凹凸不平，接触面的凸峰会很快被磨损，使配合间隙增大，引起配合性质的改变。对于过盈配合，在装配压入的过程中，由于表面凹凸不平，零件表面的峰顶被压平，减少了实际有效的过盈量，降低了配合的连接强度。

5. 对密封性的影响

表面粗糙时，两表面只在峰顶处接触，其余部位存在间隙，造成液体或气体的渗漏。当两表面之间有密封件时，由于表面的粗糙不平，密封材料无法完全填满微观轮廓谷而造成泄漏，粗糙的表面还会加剧密封件的损坏。

此外，表面粗糙度还对零件的外观、测量精度、表面光学性能、导电导热性等有着不同程度的影响。为了提高产品质量和寿命，应选取合理的表面粗糙度。因此，在保证零件尺寸公差、几何公差的同时，还要对表面粗糙度进行控制。

四、表面粗糙度应用举例

表面粗糙度的表面特征、经济加工方法及应用举例见表 5-1。

表 5-1 表面粗糙度的表面特征、经济加工方法及应用举例

表面特征		$Ra/\mu m$	经济加工方法	应用举例
粗糙表面	微见加工痕迹	≤20	粗车、粗刨、粗铣、锯断	半成品粗加工过的表面，非配合的加工表面，如端面、倒角、钻孔
半光表面	微见加工痕迹	≤10	车、刨、铣、镗、粗铰	轴上不安装轴承及齿轮处的非配合表面，轴和孔的退刀槽
	微见加工痕迹	≤5	粗刮、滚压	半精加工表面，支架、盖面、套筒和需要发蓝处理的表面
	微见加工痕迹	≤2.5	磨齿、铣齿	接近于精加工表面箱体上安装轴承的镗孔，齿轮的工作表面
光表面	可辨加工痕迹	≤1.25	磨齿、拉、刮	圆柱销、圆锥销表面，普通车床导轨面，内外花键定心表面
	微可辨加工痕迹	≤0.63	精铰、磨、精镗	配合性质稳定的配合表面，较高精度车床的导轨面
	不可辨加工痕迹	≤0.16	研磨、超精加工	精密机床主轴锥孔内表面，顶尖圆锥面，发动机曲轴表面
极光表面	暗光泽面	≤0.16	精磨	精密机床主轴轴颈表面，活塞销表面
	亮光泽面	≤0.08	超精磨、精抛光	高压油泵中柱塞和柱塞套配合表面
	镜状光泽面	≤0.04		
	精磨	≤0.01	镜面磨削、超精研	高精度量仪、量块的工作表面

任务实施

根据表面粗糙度的表面特征、经济加工方法及应用举例列表 5-1 中的选择，图 5-1 中"$\sqrt{}$"表示有表面质量粗糙度的要求，"车"表示通过车削加工的方法得到。

任务二　表面粗糙度的评定参数

任务描述与要求

如图 5-1 所示，Ra、Rz 代表的具体含义是什么？

任务分析

由任务可知，要想解决此任务需要掌握表面粗糙度的基本术语和定义，并在此基础上掌握表面粗糙度评定参数的选用。

任务知识准备

一、基本术语

关于表面粗糙度的一些基本术语如图 5-3 所示。

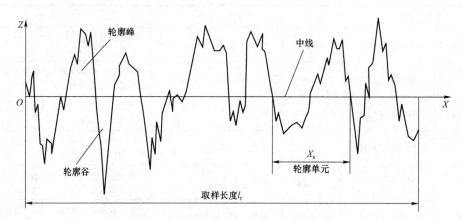

图 5-3　轮廓峰、轮廓谷、轮廓单元、中线

1. 轮廓峰

被评定轮廓上连接轮廓与 X 轴两相邻交点的向外（从材料到周围介质）的轮廓部分。

2. 轮廓谷

被评定轮廓上连接轮廓与 X 轴两相邻交点的向内（从周围介质到材料）的轮廓部分。

3. 轮廓单元

轮廓峰和相邻轮廓谷的组合。

4. 取样长度 l_r

在 X 轴方向判别被评定轮廓不规则特征的长度，即在测量表面粗糙度时所取的一段与轮廓总的走向一致的长度。规定和选择取样长度的目的是限制或削弱测量、评定表面粗糙度时波纹度以及形状误差的影响。表面越粗糙，取样长度应越大。取样长度范围内至少应包含 5 个以上的轮廓峰和轮廓谷，如图 5-4 所示。

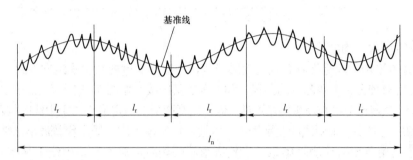

图 5-4 取样长度和评定长度

需要说明的是新国标对"取样长度"代号的规定，将原标准中的取样长度代号 l 改为了 l_r。

5. 评定长度 l_n

评定长度也是评定表面粗糙度时所必需的一段长度。

由于被加工表面粗糙度不一定很均匀，为了合理、客观地反映表面质量，评定长度包含一个或几个取样长度。国家标准中规定，评定长度默认包含 5 个取样长度，即 $l_n = 5l_r$，如图 5-4 所示。如果加工表面比较均匀，可取 $l_n < 5l_r$，如取 3 个取样长度，甚至是 1 个；如果加工表面均匀性差，则取 $l_n > 5l_r$，如取 6 个取样长度，或者更多。

取样长度和评定长度的数值应从国家标准规定的系列值中选取，见表 5-2。

表 5-2 取样长度与评定长度（摘自 GB/T 1031—2009）

$Ra/\mu m$	$Rz/\mu m$	l_r/mm	l_n/mm（$l_n = 5l_r$）
≥0.008～0.02	≥0.025～0.10	0.08	0.4
>0.02～0.10	>0.10～0.50	0.25	1.25
>0.10～2.0	>0.50～10.0	0.8	4.0
>2.0～10.0	>10.0～50.0	2.5	12.5
>10.0～80.0	>50.0～320	8.0	40.0

6. 中线

中线是具有几何轮廓形状并划分轮廓的基准线。

对于表面粗糙度来说，中线穿过粗糙度轮廓，是用来确定粗糙度参数的基准线。国标中所称的 X 轴即指中线，如图 5-3 所示。中线的确定限定于取样长度 l_r 内，有以下两种方法。

1）轮廓的最小二乘中线

轮廓的最小二乘中线是指具有几何轮廓形状并划分轮廓的基准线，在取样长度内，使轮廓线上各点的纵坐标值的平方和最小，如图 5-5 所示。

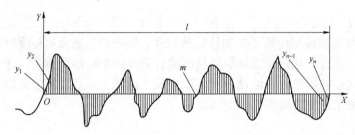

图 5-5　轮廓最小二乘中线

2）轮廓的算术平均中线

轮廓的算术平均中线是指具有几何轮廓形状，在取样长度内与轮廓走向一致并划分轮廓为上、下两部分，且使上、下两部分的面积之和相等的基准线，如图 5-6 所示。最小二乘中线符合最小二乘原则，从理论上讲是理想的基准线，但在轮廓图形上确定最小二乘中线的位置比较困难，而算术平均中线与最小二乘中线的差别很小，故通常用算术平均中线来代替最小二乘中线。轮廓的算术平均中线用目测估计法来确定，当轮廓很不规则时，算术平均中线不是唯一的中线。

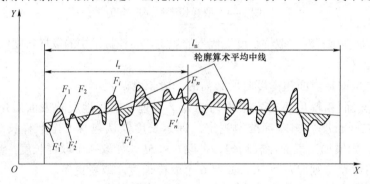

图 5-6　轮廓的算术平均中线

二、表面粗糙度的评定参数

为了定量评定表面粗糙度，国标规定了很多评定参数，在此介绍比较重要的 4 个。

1. 轮廓的算术平均偏差 Ra

在一个取样长度内，轮廓上各点到基准线之间的距离的算术平均值，即纵坐标值 $Z(x)$ 绝对值的算术平均值，如图 5-7 所示。

轮廓的算术平均
偏差 Ra

$$Ra = \frac{1}{l_r}\int_0^{l_r}|Z(x)|\mathrm{d}x \tag{5-1}$$

图 5-7　轮廓的算术平均偏差 Ra

纵坐标 Z 是相对于中线的纵坐标。Ra 反映的是轮廓的平均峰高、谷深。Ra 参数较直观，容易理解，并能充分反映表面微观几何形状高度方面的特性，测量方法比较简单，是采用比较普遍的评定指标。

轮廓的最大高度 Rz

2. 轮廓的最大高度 Rz

轮廓的最大高度 Rz 是指在一个取样长度内，最大轮廓峰高 Z_p 与最大轮廓谷深 Z_v 之和，如图 5-8 所示。

$$Rz = Z_p + Z_v \qquad (5-2)$$

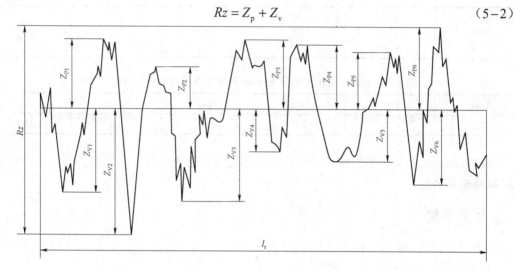

图 5-8 轮廓的最大高度 Rz

Ra 和 Rz 都属于幅度参数，但 Rz 不如 Ra 能准确反映几何特征，在常用参数范围内，推荐优先选用 Ra。

3. 轮廓单元的平均宽度 Rsm

在一个取样长度内，轮廓单元宽度 X_s 的平均值属于间距参数，如图 5-9 所示。

$$Rsm = \frac{1}{m} \sum_{i=1}^{m} X_{si} \qquad (5-3)$$

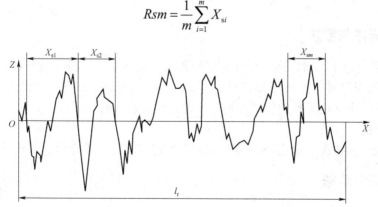

图 5-9 轮廓单元的平均宽度 Rsm

三、评定参数数值的规定

国家标准规定了评定表面粗糙度的参数值系列，对于轮廓的算术平均偏差 Ra、轮廓的最

大高度 Rz 和轮廓单元的平均宽度 Rsm，其数值分别见表 5-3～表 5-5。

表 5-3   轮廓的算术平均偏差 Ra 的数值（摘自 GB/T 1031—2009）   μm

0.012	0.050	0.20	0.80	3.2	12.5	50
0.025	0.100	0.40	1.60	6.3	25	100

表 5-4   轮廓的最大高度 Rz 的数值（摘自 GB/T 1031—2009）   μm

0.025	0.20	1.60	12.5	100	800
0.050	0.40	3.2	25	200	
0.100	0.80	6.3	50	400	1 600

表 5-5   轮廓单元的平均宽度 Rsm 的数值（摘自 GB/T 1031—2009）   μm

0.006	0.025	0.100	0.40	1.60	6.3
0.125	0.050	0.20	0.80	3.2	12.5

根据表面功能和生产的经济合理性，当表中的系列值不能满足要求时，还可根据国家标准选取补充系列值。

任务实施

图 5-1 中 Ra、Rz 代表的含义如下。

（1）Ra 表示轮廓算术平均偏差。

（2）Rz 表示轮廓最大高度。

以上表示方法是在评定长度 l_n 上取值的。

任务三　表面粗糙度参数的选择和标注

任务描述与要求

在技术产品文件中，对表面粗糙度轮廓的要求应按标准规定的图形符号表示，包括表面粗糙度轮廓的图形符号、扩展图形符号、完整图形符号和工件轮廓各表面的图形符号等。
$\sqrt{0.8\sim25/Rz\,3\,10}$ 为一个标注完整的粗糙度符号，请说明其表示的具体含义。

任务分析

由任务可知，要想解决此任务需要认识表面粗糙度符号，并合理地选用符号。

任务知识准备

一、标注表面粗糙度的图形符号

1. 基本图形符号

基本图形符号（简称基本符号）由两条不等长的、与标注表面成 60°

表面粗糙度图形符号

夹角的直线构成，如图 5-10（a）所示，图中所示符号仅用于简化代号标注，没有补充说明时不能单独使用。对于机械制图的常用字高 3.5 mm 来说，符号左侧短斜线高度为 5 mm，右侧长斜线高度不小于 10.5 mm，如图 5-10（b）所示。

2. 扩展图形符号

表示对表面粗糙度有指定要求（去除材料或不去除材料）的图形符号（简称扩展符号），如图 5-11 所示。

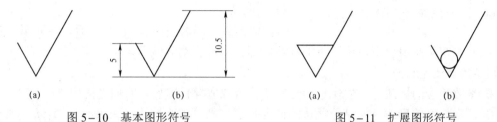

图 5-10　基本图形符号　　　　　图 5-11　扩展图形符号

（a）去除材料的扩展图形符号；（b）不去除材料的扩展图形符号

3. 完整图形符号

基本符号或扩展符号扩充后的图形符号（简称完整符号），用于对表面粗糙度有补充要求的标注，如图 5-12 所示。完整符号是在图 5-10、图 5-11 所示的图形符号的长边上加一横线构成的。在报告和合同的文本中用文字表达如图 5-12 所示的符号时，用 APA 表示图 5-12（a）、MRR 表示图 5-12（b）、NMR 表示图 5-12（c）。

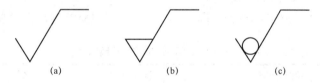

图 5-12　完整图形符号

（a）允许任何工艺（APA）；（b）去除材料（MRR）；（c）不去除材料（NMR）

4. 工件轮廓各表面的图形符号

当在图样某个视图上对构成封闭轮廓的各表面有相同的表面粗糙度要求时，应在完整图形符号上加一圆圈，标注在图样中工件的封闭轮廓线上，如图 5-13 所示，注意不包括前、后表面。如果标注会引起歧义，则各表面应分别标注。

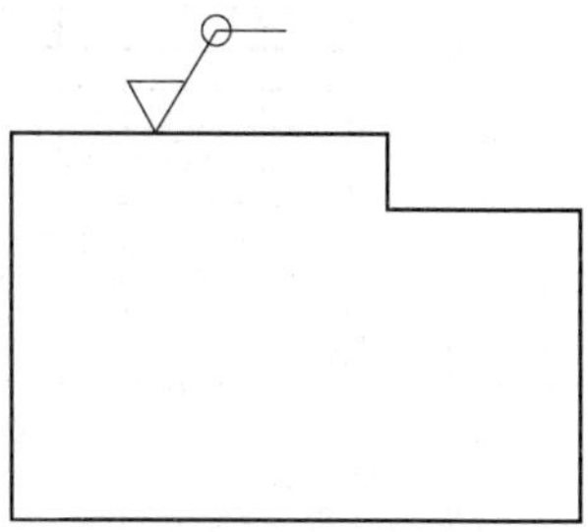

二、表面粗糙度完整图形符号的组成

1. 表面粗糙度要求标注的内容在图中书写的位置

为了明确表面粗糙度要求，除了需要标注表面粗糙度参数和数值外，必要时应标注补充要求，如传输带、取样长度、加工工艺、表面纹理和方向、加工余量等。在完整图形符号中，对表面粗糙度的单一要求和补充要求应标注在图 5-14 所示的指定位置上。

图 5-13　对周边各面有相同表面粗糙度要求的注法

（1）位置 a——注写表面粗糙度的单一要求，该要求是不能省略的，按国标的规定标注表面粗糙度的参数代号、极限值、传输带或取样长度。

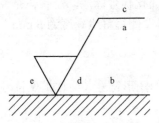

图5-14 表面粗糙度要求的标注位置

① 上限或下限的标注。表示双向极限时应标注上限符号 "U" 和下限符号 "L"。如果同参数具有双向极限要求，在不引起歧义时可省略 "U" 和 "L" 的标注。若为单向下限值，则必须加注 "L"。

② 传输带和取样长度的标注。传输带是指两个滤波器的截止波长值之间的波长范围；长波滤波器的截止波长值就是取样长度 l_r。

标注传输带时，短波在前，长波在后，并要用连字符 "—" 隔开。在某些情况下，传输带的标注中即使只标一个滤波器，也应保留连字符 "—"，以区别是短波还是长波。

③ 参数代号的标注。参数代号标注在传输带或取样长度后，它们之间用 "/" 隔开。

④ 评定长度的标注。如果是默认的评定长度，则可省略标注；如果不等于 $5l_r$，则应注出取样长度的个数。

⑤ 极限值判断规则和极限值的标注。极限值判断规则的标注上限为 "16%规则"，下限为 "最大规则"。为了避免误解，在参数代号和极限值之间插入一个空格。

（2）位置 b——注写第二个表面粗糙度要求。若有第三个或更多的表面粗糙度要求，可在位置 b 依次垂直向上注写，符号中的长斜线可酌情延长。

（3）位置 c——注写加工方法。如有需要，可在此位置注写加工方法、表面处理、涂层或其他加工工艺要求，如车、磨、镀等。

（4）位置 d——注写加工纹理和方向。如 "="、"⊥"、"M" 等，详见表5-6。

表5-6 表面纹理的符号及解释

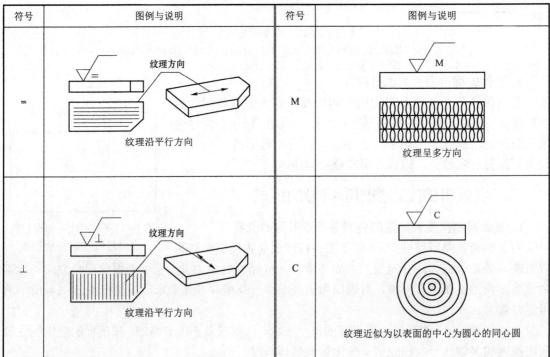

符号	图例与说明	符号	图例与说明
X	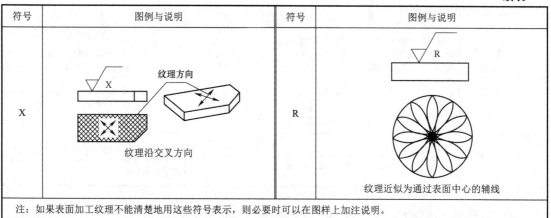	R	
注：如果表面加工纹理不能清楚地用这些符号表示，则必要时可以在图样上加注说明。			

（5）位置 e——注写以 mm 为单位的所需加工余量。

2. 表面粗糙度标注实例

表面粗糙度要求标注的内容在图中的注法如图 5-15 所示。

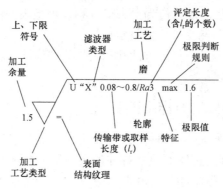

图 5-15　表面粗糙度标注示例

表面粗糙度的标注代号实例见表 5-7。

表面粗糙度识读

表 5-7　表面粗糙度的标注代号实例

代号	意义	代号	意义
$\sqrt{}$ Ra 3.2	用任何方法获得的表面粗糙度，Ra 的上限值为 3.2 μm	$\sqrt{}$ Ra max 3.2	用任何方法获得的表面粗糙度，Ra 的最大值为 3.2 μm
$\sqrt{}$ Ra 3.2	用去除材料方法获得的表面粗糙度，Ra 的上限值为 3.2 μm	$\sqrt{}$ Ra max 3.2	用去除材料方法获得的表面粗糙度，Ra 的最大值为 3.2 μm
$\sqrt{}$ Ra 3.2	用不去除材料方法获得的表面粗糙度，Ra 的上限值为 3.2 μm	$\sqrt{}$ Ra max 3.2	用不去除材料方法获得的表面粗糙度，Ra 的最大值为 3.2 μm
$\sqrt{}$ U Ra 3.2 L Ra 1.6	用去除材料方法获得的表面粗糙度，Ra 的上限值为 3.2 μm，Ra 的下限值为 1.6 μm	$\sqrt{}$ Ra max 3.2 Ra min 1.6	用去除材料方法获得的表面粗糙度，Ra 的最大值为 3.2 μm，Ra 的最小值为 1.6 μm
$\sqrt{}$ Rz 3.2	用任何方法获得的表面粗糙度，Rz 的上限值为 3.2 μm	$\sqrt{}$ Rz max 3.2	用任何方法获得的表面粗糙度，Rz 的最大值为 3.2 μm

代号	意义	代号	意义
$\sqrt{\begin{array}{l}U\,Rz\,3.2\\L\,Rz\,1.6\end{array}}$	用去除材料方法获得的表面粗糙度，Rz的上限值为 3.2 μm，Rz 的下限值为 1.6 μm（在不引起误会的情况下，也可省略标注 U、L）	$\sqrt{\begin{array}{l}Rz\,max\,3.2\\Rz\,min\,1.6\end{array}}$	用去除材料方法获得的表面粗糙度，Rz的最大值为 3.2 μm，Rz 的最小值为 1.6 μm
$\sqrt{\begin{array}{l}U\,Ra\,3.2\\U\,Rz\,1.6\end{array}}$	用去除材料方法获得的表面粗糙度，Ra的上限值 3.2 μm，Rz 的上限值为 1.6 μm	$\sqrt{\begin{array}{l}Ra\,max\,3.2\\Rz\,min\,1.6\end{array}}$	用去除材料方法获得的表面粗糙度，Ra的最大值为 3.2 μm，Rz 的最大值为 1.6 μm
$\sqrt{0.08\sim0.8/Ra\,3.2}$	用去除材料方法获得的表面粗糙度，Ra的上限值为 3.2 μm，传输带为 0.08~0.8 mm	$\sqrt{-0.8/Ra\,3\,3.2}$	用去除材料方法获得的表面粗糙度，Ra的上限值为 3.2 μm，取样长度为 0.8 mm，评定包含 3 个取样长度

极限值判断规则如下。

（1）16%规则。如果标注的参数代号后无"max"，表示应用 16%规则。当参数的规定值为上限值（下限值）时，如果所选参数在同一评定长度上的全部实测值中，大于（小于）图样或技术产品文件中规定值的个数不超过实测值总数的 16%，则该表面合格。

（2）最大规则。若规定参数的最大值，则应在参数符号后面增加一个"max"标记，例如：Rzmax。检验时，若参数的规定值为最大值，则在被检表面的全部区域内测得的参数值一个也不应超过图样或技术产品文件中的规定值。

关于表面粗糙度参数的标注、加工方法和相关信息的注法、加工余量的注法，参阅 GB/T 131—2006。

表面粗糙度标注

三、表面粗糙度要求在图样上的标注

表面粗糙度要求对每一表面一般只标注一次，并尽可能注在其相应尺寸要求的同一视图上。除非另有说明，否则所标注的表面粗糙度要求是对完工零件表面的要求。

1. 表面粗糙度要求的注写方向

总的原则是使表面粗糙度的注写、读取方向与尺寸的注写、读取方向一致，即头朝上或头朝左，如图 5-16 所示。

1）标注在轮廓线或指引线上

表面粗糙度要求可标注在轮廓线上，其符号应从材料外指向并接触表面，如图 5-17 所示。必要时，表面粗糙度符号也可以用带箭头或黑点的指引线引出标注，如图 5-18 所示。

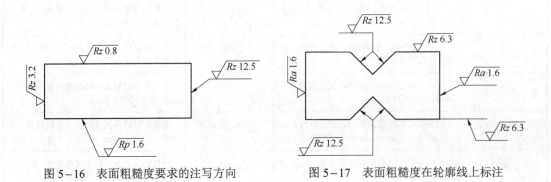

图 5-16 表面粗糙度要求的注写方向　　　图 5-17 表面粗糙度在轮廓线上标注

2）标注在尺寸线上

在不致引起误解时，表面粗糙度要求可以标注在给定的尺寸线上，如图 5-19 所示。

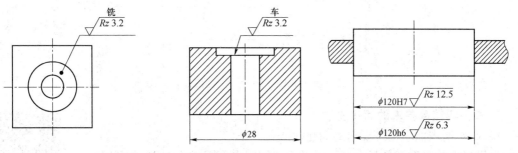

图 5-18　用指引线引出标注表面粗糙度要求　　图 5-19　表面粗糙度要求标注在尺寸线上

3）标注在几何公差的框格上

表面粗糙度要求可以标注在几何公差框格的上方，如图 5-20（a）和图 5-20（b）所示。

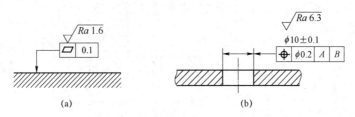

（a）　　　　　　　　　　　　　　（b）

图 5-20　表面粗糙度要求标注在几何公差的框格上

4）标注在延长线上

表面粗糙度要求可以直接标注在延长线上，或用带箭头的指引线引出标注，如图 5-21 所示。

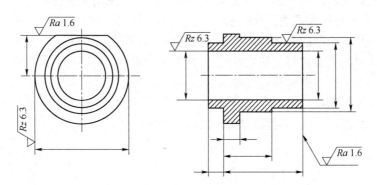

图 5-21　表面粗糙度要求标注在圆柱特征的延长线上

5）标注在圆柱和棱柱表面上

圆柱和棱柱表面的表面粗糙度要求只标注一次，如图 5-22 所示。如果每个棱柱表面有不同的表面粗糙度要求，则应分别单独标注。

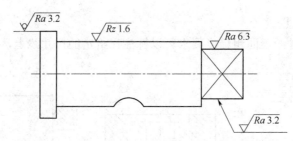

图 5-22　圆柱和棱柱的表面粗糙度要求的注法

2. 表面粗糙度要求的简化注法

1）有相同表面粗糙度要求的简化注法

表面粗糙度
简化标注

如果工件的多数（包括全部）表面有相同的表面粗糙度要求，则其表面粗糙度要求可统一标注在图样的标题栏附近。此时（除全部表面有相同要求的情况外），表面粗糙度要求的符号后面还应有：

（1）在圆括号内给出无任何其他标注的基本符号（见图 5-23）；

（2）在圆括号内给出不同的表面粗糙度要求（见图 5-24）。

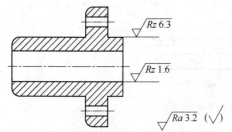

图 5-23　大多数表面有相同表面粗
糙度要求的简化注法（一）

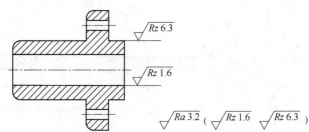

图 5-24　大多数表面有相同表面粗
糙度要求的简化注法（二）

两种方式效果相同，不同的表面粗糙度要求应直接标注在图形中。

2）多个表面有相同要求的简化注法

当多个表面具有相同的表面粗糙度要求或图纸空间有限时，可以采用简化注法。

（1）用带字母的完整符号的简化注法。可用带字母的完整符号，以等式的形式，在图形或标题栏附近，对有相同表面粗糙度要求的表面进行简化标注，如图 5-25 所示。

（2）只用表面粗糙度符号的简化注法。可用表面粗糙度的基本符号和扩展符号，以等式的形式给出对多个表面共同的表面粗糙度要求，如图 5-26 所示。

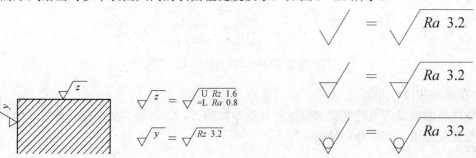

图 5-25　图纸空间有限时的简化注法　　图 5-26　多个表面具有相同的表面粗糙度要求的简化注法

3. 两种或多种工艺获得的同一表面的注法

由几种不同的工艺方法获得的同一表面,当需要明确每种工艺方法的表面粗糙度要求时,可按图 5-27 和图 5-28 进行标注。

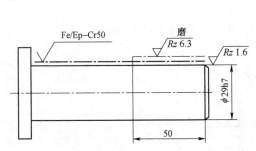

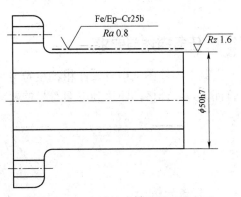

图 5-27　表面粗糙度、尺寸和表面处理的注法

图 5-28　同时给出镀覆前后的表面
粗糙度要求的注法

 任务实施

由知识准备可知,表面粗糙度 $\sqrt{}^{0.8\sim25/Rz\,3\,10}$ 各项含义如下。

(1)"$\sqrt{}$"表示去除材料。

(2)单向上限值。

(3)传输带 0.8～25 mm。

(4)Rz 轮廓。

(5)波纹度最大高度 10 μm。

(6)评定长度包含 3 个取样长度。

(7)16% 规则(默认)。

课堂讨论

正确标注轴的中心孔的工作表面及键槽工作表面、圆角、倒角的表面粗糙度,如图 5-29 所示。

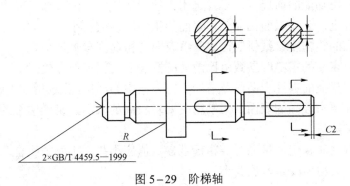

图 5-29　阶梯轴

任务四 表面粗糙度的检测

任务描述与要求

当某个零件图纸中有表面粗糙度符号出现时，加工人员会按照其进行加工，但加工后如何验证其是否合格，即达到下面符号的要求？

磨

Ra 1.6

$-2.5/Rz$ max 6.3

任务分析

由任务可知，要想解决此任务，需要掌握表面粗糙度的检测方法。

任务知识准备

一、表面粗糙度的选用

评定参数的选择应考虑零件使用功能的要求、检测的方便性及仪器设备条件等因素。

国家标准规定，轮廓的幅度参数 Ra 或 Rz 是必须标注的参数，其他参数是附加参数。对于一般的零件表面，通常选用幅度参数 Ra 或 Rz 即可满足零件表面的功能要求。轮廓的算术平均偏差 Ra 既能反映表面的微观高度特征，又能反映形状特征，且用电动轮廓仪测量表面粗糙度（轮廓法）直接得到的参数就是 Ra，因此在两个高度参数中应优先选用 Ra。轮廓的最大高度 Rz 只反映表面的局部特征，评价表面粗糙度不如 Ra 全面，但对某些不允许存在较深的加工痕迹的表面和小零件表面，Rz 就比较适用。

二、表面粗糙度参数值的选用

表面粗糙度参数值的选用直接关系到零件的性能、质量、使用寿命、制造工艺和制造成本，在满足功能要求的前提下，要兼顾经济性和加工的可能性。所有参数的数值一般应从国标规定的系列值中选取（表 5-2～表 5-5）。具体选择时应注意以下几点。

（1）在满足使用功能的前提下，尽量选用大的参数值，以降低加工成本。

（2）同一零件上，工作表面比非工作表面的粗糙度参数值小。

（3）摩擦表面的粗糙度参数值应比非摩擦表面的粗糙度参数值小。

（4）滚动摩擦表面的粗糙度参数值比滑动摩擦表面的粗糙度参数值小。

（5）承受交变载荷的零件表面以及易产生应力集中的部位，应选用较小的粗糙度参数值。

（6）接触刚度要求较高的表面、运动精度要求较高的表面、易受腐蚀的零件表面，应选用较小的粗糙度参数值。

（7）要求配合性质稳定、可靠时，粗糙度参数值应小些。小间隙配合表面、受重载作用的过盈配合表面，其粗糙度参数值要小。

（8）尺寸公差、几何公差要求高的表面，粗糙度参数值应小。

（9）凡有关标准已对表面粗糙度要求做出规定者（如轴承、量规、齿轮等），应按标准规定选取表面粗糙度参数值。

SDC-16C 双头数控车加工　　镜面级加工

表 5-8 给出了对应于表面粗糙度参数 Ra 值的一般加工方法及应用示例。

表 5-8　表面粗糙度参数值的应用

$Ra/\mu m$	加工方法	应用示例
25～12.5	粗车、粗铣、粗刨、钻、毛锉、锯断	粗加工非配合表面。如轴端面、倒角、钻孔、齿轮和带轮侧面、键槽底面、垫圈接触面及不重要的安装支承面
12.5～6.3	车、铣、刨、锉、钻、粗铰	半精加工表面。如轴上不安装的轴承、齿轮等处的非配合表面，轴和孔的退刀槽、支架、衬套、端盖、螺栓、螺母、齿顶圈、花键非定心表面等
6.3～3.2	车、铣、刨、镗、磨、拉、粗刮、铣齿	半精加工表面。如箱体、支架、套筒、非传动用梯形螺纹及其他零件接合而无配合要求的表面
3.2～1.6	车、铣、刨、镗、磨、拉、刮	接近精加工表面。如箱体上的轴承孔和定位销的压入孔表面及齿轮齿条、传动螺纹、键槽、皮带轮槽工作面、花键接合面等
1.6～0.8	车、镗、磨、拉、刮、精铰、磨齿、滚压	要求有定心及配合的表面。如圆柱销和圆锥销的表面、卧式车床导轨面、与 P0 级和 P6 级滚动轴承配合的表面等
0.8～0.4	精铰、精镗、磨、刮、滚压	要求配合性稳定的配合表面及活动支承面。如高精度车床导轨面、高精度活动球状接头表面等
0.4～0.2	精磨、珩磨、研磨、超精加工	精密机床上轴承孔、顶尖圆锥面，发动机曲轴和凸轮轴工作表面，高精度齿轮齿面，与 P5 级滚动轴承的配合面等
0.2～0.1	精磨、研磨、普通抛光	精密机床主轴轴颈表面、一般量规工作表面、气缸内表面、阀的工作表面、活塞销表面等
0.1～0.025	超精磨、精抛光、镜面磨削	精密机床主轴轴颈表面，滚动轴承套圆滚道、滚珠及滚柱表面，工作量规的测量表面，高压液压泵中的柱塞表面等
0.025～0.012	镜面磨削	仪器的测量面、高精度量仪等
<0.012	镜面磨削、超精研	量块的工作面、光学仪器中的金属镜面等

三、表面粗糙度的检测

常用的表面粗糙度的检测方法主要有比较法、光切法、干涉法和针描法。

1. 比较法

比较法是将被测表面与表面粗糙度比较样块进行比较，凭视觉或触觉判断表面粗糙度是否符合要求的一种检验方法。比较时，所用比较样块的形状、加工方法、加工纹理、色泽和材料应与被测表面一致，这样才能保证检验结果的可靠性。

比较法简便易行，适宜于车间检验，但其检验的准确性在很大程度上取决于检验人员的经验，故常用于比较粗糙的表面粗糙度的检验。

2. 光切法

光切法使用光切显微镜（或双管显微镜）测量表面粗糙度参数值，如图 5-30 所示。图 5-31

所示为光切显微镜的工作原理示意图。光源 1 发出的光经过狭缝 3 后变成一狭窄光带照射在被测轮廓上，在目镜 7 中可观察到被放大的轮廓影像，通过仪器的测微装置可测得轮廓的高度、间距，从而得到被测表面轮廓的粗糙度参数值。

图 5-30　光切显微镜

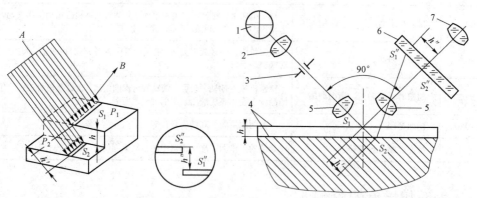

图 5-31　光切显微镜的工作原理示意图

1—光源；2—聚光镜；3—狭缝；4—被测表面；5—物镜；6—分划板；7—目镜

光切法只能用来测量新标准中定义的参数 Rz 和 Rsm，且只适用于测量加工纹理清晰的车、铣、刨削表面的表面粗糙度。

3. 干涉法

干涉法使用干涉显微镜（见图 5-32）测量表面粗糙度参数值。图 5-33 所示为干涉显微镜的工作原理示意图。光源 1 发出的光被分光板 7 分成两路，一路向上被被测表面反射回来，另一路向左被反射回来，两路光汇合后形成一组与被测轮廓相对应的干涉条纹，可在目镜 14 中观察到。干涉条纹的弯曲程度反映了被测轮廓峰、谷的高低，测出干涉条纹的弯曲量及间距，根据光的波长即可得到被测表面轮廓的粗糙度参数 Rz 的值。

图 5-32　干涉显微镜

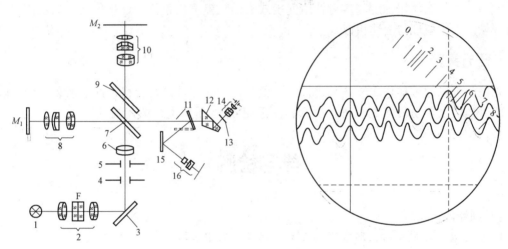

图 5-33　干涉显微镜的工作原理示意图

1—光源；2—聚光镜；3，11，15—反射镜；4—孔径光阑；5—视场光阑；6—照明物镜；7—分光板；
8，10—物镜；9—补偿板；12—转向棱镜；13—分划板；14—目镜；16—摄影物镜

4. 针描法

针描法使用电动轮廓仪（见图 5-34）测量表面粗糙度参数值。图 5-35 所示为电动轮廓仪的工作原理示意图。测量时，曲率半径很小（通常为 2 μm、5 μm、10 μm）的金刚石触针在被测表面上轻轻划过，被测表面轮廓的微观起伏使触针上下位移，再通过杠杆将位移传给传感器。传感器将位移转换成电信号，经放大、相敏检波和滤波等后续处理后，得到与被测表面轮廓相对应的电信号。该信号经 A/D 转换后送入计算机，经计算机处理后显示出被测表面轮廓曲线及表面粗糙度参数值。电动轮廓仪也可通过记录仪直接记录、显示被测轮廓曲线。

SDR990 粗糙度仪
深槽传感器

电动轮廓仪可以根据国际标准及新国家标准的有关规定，按轮廓法测量所有原始轮廓、粗糙度轮廓及波纹度轮廓参数。测量表面粗糙度时，可以测量 Ra、Rz、Rsm 和 Rmr（c）等参数，其中 Ra 的测量值通常为 0.025～6.3 μm。

图 5-34　电动轮廓仪

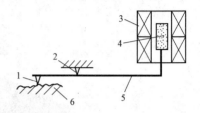

图 5-35　电动轮廓仪的工作原理示意图

1—触针；2—支点；3—电感线圈；4—磁芯；

5—杠杆；6—被测表面

大型工件的表面粗糙度测量可使用便携式表面粗糙度检查仪，这种仪器可放置在工件上进行测量，工作原理与上述相似。

 任务实施

此任务可以通过样块比较法来进行实际检测，判断零件是否合格，此法所采用的比较样块除研磨样块采用 GCr15 材料外，其余样块采用 45 优质碳素结构钢制成。

学习检测

判断题

1. 确定表面粗糙度时，通常可以在两个幅度参数中选取。(　　　)

2. 评定表面轮廓粗糙度所必需的一段长度称为取样长度，它可以包含几个评定长度。(　　　)

3. Rz 参数对某些表面上不允许出现较深的加工痕迹和小零件的表面质量有实用意义。(　　　)

4. 选择表面粗糙度评定参数值应越小越好。(　　　)

5. 零件的尺寸精度越高，通常表面粗糙度参数值相应取得越小。(　　　)

6. 摩擦表面应比非摩擦表面的表面粗糙度数值小。(　　　)

7. 要求配合精度高的零件，其表面粗糙度数值应大。(　　　)

8. 受交变载荷的零件，其表面粗糙度值应小。(　　　)

选择题

1. 表面粗糙度值越小，则零件的(　　　)。

A. 耐磨性好　　　　　B. 配合精度高　　　　　C. 抗疲劳强度差　　　D. 加工容易

2. 选择表面粗糙度评定参数值时，下列论述正确的有(　　　)。

A. 同一零件上工作表面应比非工作表面参数值大

B. 摩擦表面应比非摩擦表面的参数值小

C. 配合质量要求高，参数值应小

D. 尺寸精度要求高，参数值应小

E. 受交变载荷的表面，参数值应大

3. 下列论述正确的有（   ）。

A. 表面粗糙度属于表面微观性质的形状误差

B. 表面粗糙度属于表面宏观性质的形状误差

C. 表面粗糙度属于表面波纹度误差

D. 经过磨削加工所得表面比车削加工所得表面的表面粗糙度值大

E. 介于表面宏观形状误差与微观形状误差之间的是波纹度误差

4. 表面粗糙度代（符）号在图样上应标注在（   ）。

A. 可见轮廓线上

B. 尺寸界线上

C. 虚线上

D. 符号尖端从材料外指向被标注表面

E. 符号尖端从材料内指向被标注表面

问答题

1. 表面粗糙度的含义是什么？

2. 表面粗糙度对零件的使用性能有哪些影响？

3. 为什么要规定取样长度和评定长度？两者之间的关系如何？

4. 表面粗糙度的主要评定参数有哪几个？试说明它们的含义。

5. 图样上给出的 Ra、Rz 和 Rsm 的单位是什么？$Rmr(c)$ 和 c 的值一般以什么形式给出？

6. 选择表面粗糙度参数值时应考虑哪些因素？

7. 常用的表面粗糙度的测量方法有哪几种？

综合题

1. 解读题图 5-1 中表面粗糙度标注的含义。

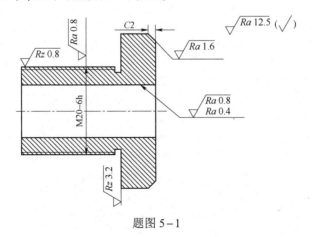

题图 5-1

2. 当使用条件相同时，下列每对配合或工件哪个表面粗糙度要求高？

（1） $\phi 20H7$ 和 $\phi 85H7$。

（2）ϕ30G7 和ϕ30g7。

（3）ϕ40H6/f5 和ϕ40H6/s5。

3. 根据技术要求在题图 5-2 的规定位置标注表面粗糙度要求。

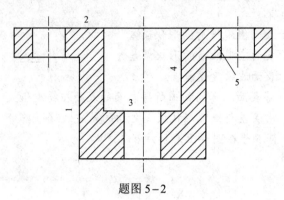

题图 5-2

位置 1：去除材料，Ra 为 0.8 μm；

位置 2：去除材料，Ra 为 6.3 μm；

位置 3：去除材料，Ra 为 3.2 μm；

位置 4：去除材料，Ra 为 1.6 μm；

位置 5：去除材料，Ra 为 3.2 μm；

其余表面：去除材料，Ra 为 12.5 μm。

项目六　常用结构件的公差配合与检测

图 6-1 所示为轴承装配图，除了需要标注尺寸公差与配合外，还应考虑哪些要求呢？此外，键连接在机械上应用非常广泛，既可以实现轴向固定传递转矩，也可以进行轴向导向，是常见的连接方式，常用于实现轴与齿轮、皮带轮等连接来传递运动和动力。那么，键的连接是如何保证精度的呢？螺纹在机械行业中应用很广，螺纹的互换程度也很高，也是我们日常生活中随处可见的连接方式，它又是如何保证精度的呢？为了回答上述问题，需要通过滚动轴承的公差与配合，平键、花键的公差与检测，以及螺纹的公差配合与检测三个任务完成相关知识的学习。

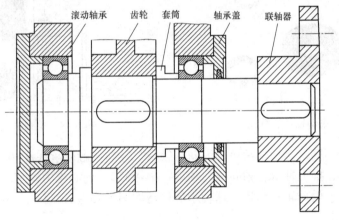

滚动轴承　齿轮　套筒　轴承盖　联轴器

图 6-1　轴承装配图

任务一　滚动轴承的公差与配合

 任务描述与要求

图 6-2 所示为小齿轮轴部分装配图，小齿轮轴要求具有较高的旋转精度，轴承尺寸为内径为 50 mm，外径为 110 mm，额定动负荷 $C_r=32\ 000$ N，轴承承受的当量径向负荷 $P_r=4\ 160$ N。试用类比法确定轴承的类型和精度等级、负荷情况、轴颈和外壳孔的公差带代号，确定孔、轴的形位公差值和表面粗糙度参数值，并分别标注在装配图和零件图上。

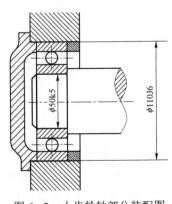

图 6-2　小齿轮轴部分装配图

任务知识准备

一、滚动轴承概述

滚动轴承具有摩擦力小、消耗功率小、启动容易、更换简便等优点，应用广泛。了解滚动轴承内外径公差、公差带、负荷类型等基本概念，掌握滚动轴承的公差与配合标准及滚动轴承的精度设计的基本方法，是合理选用滚动轴承的配合的基础。

1. 滚动轴承的组成及分类

滚动轴承一般是由内圈、外圈、滚动体和保持架组成，其构造如图6-3所示。

按滚动体的不同，滚动轴承可分为球轴承（双列角接触球轴承、调心球轴承、双列深沟球轴承、推力球轴承、深沟球轴承、角接触球轴承）和滚子轴承（圆锥滚子轴承、调心滚子轴承、推力调心滚子轴承、圆柱滚子轴承、推力圆柱滚子轴承、滚针轴承）。其中，单列深沟球轴承如图6-4所示。

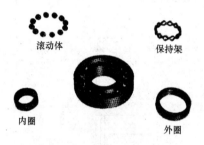

图6-3　滚动轴承的组成

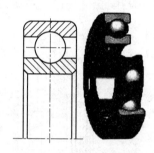

图6-4　单列深沟球轴承

按承受外载的不同，滚动轴承可分为向心轴承、径向接触轴承（$\alpha=0°$）、向心角接触轴承（$0°<\alpha\leqslant45°$）、推力轴承、轴向推力轴承（$\alpha=90°$）、向心推力轴承。其中，向心轴承、圆锥滚子轴承、角接触球轴承和推力球轴承的构造如图6-5所示。

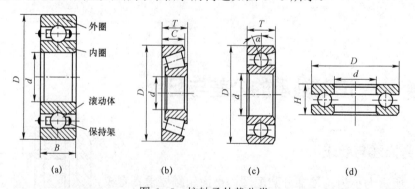

图6-5　按轴承外载分类

（a）向心轴承；（b）圆锥滚子轴承；（c）角接触球轴承；（d）推力球轴承

2. 滚动轴承的安装形式

在图6-2中，滚动轴承的外圈与箱体上的轴承座配合，内圈与旋转的轴颈配合。通常外圈固定不动，因而外圈与轴承座为过盈配合；内圈随轴一起旋转，内圈与轴也为过盈配合。

考虑到运动过程中轴受热会变形延伸，一端轴承应能够做轴向调节，调节好后应轴向锁紧。

3. 滚动轴承的结构特点

滚动轴承是一种标准件，有内、外两种互换性：滚动轴承与外壳孔及轴颈的配合属于光滑圆柱体配合，其互换性为完全互换；而内、外圈滚道与滚动体的装配一般采用分组装配，其互换性为不完全互换。因此，滚动轴承的精度要求很高。

> **小提醒**
>
> 相关滚动轴承的国家标准有：GB/T 275—2015、GB/T 307.1—2005、GB/T 307.2—2005、GB/T 307.3—2005、GB/T 307.4—2012。滚动轴承的国家标准不仅规定了滚动轴承本身的尺寸公差、旋转精度（跳动公差等）、测量方法，还规定了可与滚动轴承相配的外壳孔和轴颈的尺寸公差、几何公差和表面粗糙度。

二、滚动轴承公差与配合

1. 滚动轴承的公差等级

根据 GB/T 307.4—2012 规定，滚动轴承按尺寸公差与旋转精度分级。向心轴承（圆锥滚子轴承除外）分为 0、6、5、4、2 五级，圆锥滚子轴承分为 0、6X、5、4、2 五级，推力轴承分为 0、6、5、4 四级。从 0 级到 2 级，轴承精度依次增高。

P0 级为普通精度，在机器制造业中的应用最广，它用于旋转精度要求不高的机构中。例如，卧式车床变速箱和进给箱，汽车、拖拉机变速箱，普通电动机、水泵、压缩机和涡轮机中，除 P0 级外，其余各级统称高精度轴承，主要用于高的线速度或高的旋转精度的场合。特别是在各种金属切削机床上，P6～P2 级滚动轴承应用非常广泛，具体可参见表 6-1。

表 6-1　机床主轴轴承精度等级

轴承类型	精度等级	应用等级
深沟球轴承	P4	高精度磨床、丝锥磨床、螺纹磨床、磨齿机和插齿刀磨床
角接触轴承	P5	精密镗床、内圆磨床、齿轮加工磨床
	P6	卧式车床、铣床
单列圆柱滚子轴承	P4	精密丝杠车床、高精度车床、高精度外圆磨床
	P5	精密车床、精密铣床、转塔车床、普通外圆磨床、多轴车床、镗床
	P6	卧式车床、自动车床、铣床、立式车床
向心短圆柱滚子轴承、调心滚子轴承	P6	精密车床及铣床的后轴承
圆锥滚子轴承	P2，P4	坐标镗床（P2）、磨齿机（P4）
	P5	精密车床、精密铣床、镗床、精密转塔车床、滚齿机
	P6	铣床、车床
推力球轴承	P6	一般精度车床

2. 滚动轴承的内径、外径公差及特点

对轴承内径（d）与外径（D）规定了两种公差：一种是 d 与 D 的最大值和最小值的公差；

另一种是轴承套圈任一横截面内量得的最大直径 d_{max}、D_{max} 与最小直径 d_{min}、D_{min} 的平均值 d_m、D_m 的公差。

滚动轴承为标准部件，因此轴承内径与轴颈的配合应为基孔制，轴承外径与外壳孔的配合应为基轴制。但这种基孔制和基轴制与光滑圆柱接合又有所不同，这是由滚动轴承配合的特殊需要所决定的。

轴承内圈通常与轴一起旋转，为防止内圈和轴颈的配合产生相对滑动而磨损，影响轴承的工作性能，要求配合面间具有一定的过盈，但过盈量不能太大。如果作为基准孔的轴承内圈仍采用基本偏差为 H 的公差带，轴颈也选用光滑圆柱结合国家标准中的公差带，这样在配合时，无论是过渡配合（过盈量偏小）还是过盈配合（过盈量偏大）都不能满足轴承工作的需要。若轴颈采用非标准的公差带，则又违反了标准化与互换性的原则。为此规定内圈基准孔公差带位于以公称内径 d 为零线的下方。因而这种特殊的基准孔公差带与各种轴公差带构成的配合的性质，相应地比用这些轴公差带的基本偏差代号所表示的配合性质有不同程度的变紧。

滚动轴承内径与外径的公差带如图 6-6 所示。

轴承外圈因安装在外壳孔中，通常不旋转，考虑到工作时温度升高会使轴膨胀，从而产生轴向移动，因此两端轴承中有一端应是游动支承，可使外壳与外壳孔的配合稍为松一点，使之能补偿轴的热胀伸长量，否则轴产生弯曲会被卡住，影响正常运转，如图 6-7 所示。为此规定轴承外圈公差带位于公称外径 D 为零线的下方，与基本偏差为 h 的公差带相类似，但公差值不同。

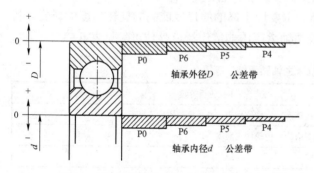

图 6-6　滚动轴承内径与外径的公差带

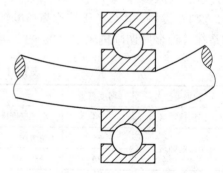

图 6-7　轴热胀弯曲

滚动轴承的内圈和外圈皆为薄壁零件，在制造与保管过程中极易发生变形（如变成椭圆形），但当轴承内圈与轴或外圈与外壳孔装配后，如果这种变形不大，极易得到纠正。所以对滚动轴承套圈任一横截面内测得的最大与最小直径平均值对公称直径的偏差只要在内、外径公差带内，就认为合格。为了控制轴承的形状误差，滚动轴承还规定了其他的技术要求。

3. 轴颈和外壳孔公差带的种类

轴承内径和外径公差带在制造时已确定，因此，它们与轴颈、外壳孔的配合要由外壳孔和轴颈的公差带决定，故选择轴承的配合也就是确定轴颈和外壳孔的公差带。国家标准所规定的轴颈和外壳孔的公差带可参看图 6-8 和图 6-9。

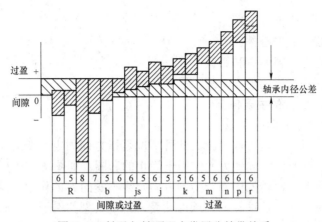

图6-8　轴承与轴颈配合常用公差带关系

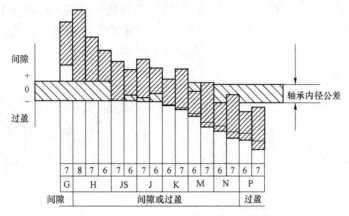

图6-9　轴承与外壳孔配合常用公差带关系

轴承内径与轴颈的配合比基孔制同名配合紧一些，g5、g6、h5、h6轴颈与轴承内径的配合已变成过盈配合，k5、k6、m5、m6已变成过盈配合，其余也都有所变紧。

轴承外径和外壳孔的配合与基轴制的同名配合相比，虽然尺寸公差有所不同，但配合性质基本相同。

轴承的配合是特殊的，与一般的孔、轴或基孔、基轴都不同，内径上是要按基孔制来配合相应的轴，在装配图上可以只标记轴的尺寸来表示配合，同样轴承座上只标记孔的尺寸来表示配合，省略了轴承座公差带代号。例如，某装配图上某滚动轴承的标注为φ60R6。

三、滚动轴承配合的选择

正确地选择滚动轴承的配合，对保证滚动轴承的正常运转，延长其使用寿命关系极大。为了使轴承具有较高的定心精度，一般在选择轴承两个套的配合时，都偏向紧密。但要防止太紧，因内圈的弹性胀大和外圈的收缩会使轴承内部间隙减小甚至完全消除并产生过盈，不仅会影响正常运转，还会使套圈材料产生较大的应力，以致降低轴承的使用寿命。

选择轴承配合时，要全面地考虑各个主要因素，应以轴承的工作条件、结构类型和尺寸、精度等级为依据，查表确定轴颈和外壳孔的尺寸公差带、几何公差和表面粗糙度。后面表6-2～表6-8适用于以下情况：

（1）轴承精度等级为 P0、P6 级；

（2）轴为实体或厚壁空心件；

（3）轴颈处外壳孔材料为钢和铸铁；

（4）轴承应具有基本组的径向游隙，另有注解除外。

1. 查表确定轴承配合的主要依据

1）轴承套圈与负荷方向的关系

（1）轴承套圈相对于负荷方向静止。此种情况是指方向固定不变的定向负荷（如齿轮传动力、皮带拉力、车削时的径向切力）作用于静止的套圈。如图 6-10（a）所示不旋转的外圈和图 6-10（b）所示不旋转的内圈皆受到方向始终不变的 F 的作用。减速器转轴两端轴承外圈、汽车与拖拉机前轮（从动轮）轴承内圈受力就是典型的例子，此时套圈相对于负荷方向静止的受力特点是负荷集中作用，套圈滚道局部容易产生磨损。

（2）轴承套圈相对于负荷方向旋转。此种情况是指旋转负荷（如旋转工件上的惯性离心力、旋转镗杆上作用的径向切削力等）依次作用于套圈的整个滚道上，此时套圈相对于负荷方向旋转的受力特点是负荷呈周期作用，套圈滚道产生均匀磨损。

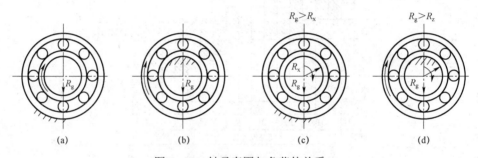

图 6-10　轴承套圈与负荷的关系

（a）定向负荷、内圈转动；（b）定向负荷、外圈转动；（c）旋转负荷、内圈转动；（d）旋转负荷、外圈转动

（3）轴承套圈相对于负荷方向摆动。当由定向负荷与旋转负荷所组成的合成径向负荷作用在套圈的部分滚道上时，该套圈便相对于负荷方向摆动。如图 6-10（c）和图 6-10（d）所示，轴承套圈受到定向负荷 F_r 和旋转负荷 F_c 的同时作用，二者的合成负荷将由小到大、再由大到小地周期性变化。

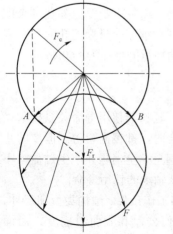

图 6-11　摆动负荷

如图 6-11 所示，当 $F_r > F_c$ 时，合成负荷就在弧 $\overset{\frown}{AB}$ 区域内摆动，不旋转的套圈则相对于负荷方向摆动，而旋转的套圈则相对于负荷方向旋转。当 $F_r < F_c$ 时，合成负荷沿着圆周变动，不旋转的套圈就相对于负荷方向旋转，而旋转的套圈则相对于负荷方向摆动。由上述分析可知，套圈相对于负荷方向的状态不同（静止、旋转、摆动），负荷作用的性质亦不相同：相对静止状态呈局部负荷作用，相对旋转状态呈循环负荷作用，相对摆动状态则呈摆动负荷作用。一般来说，受循环负荷作用的套圈与轴颈（或外壳孔）的配合应选得较紧一些，而承受局部负荷作用的套圈外壳孔（或轴颈）的配合应选得松一些（既可使轴承避免局部磨损，又可使装配拆卸方便），承受摆动负荷的套圈与承受循环负荷作

用的套圈在配合要求上可选得相同或选得稍松一点。

2）负荷的大小

选择滚动轴承与轴颈和外壳孔的配合还与负荷的大小有关。在 GB/T 275—2015 中，根据当量径向动负荷 P 与轴承产品样本中规定的额定动负荷 C 的比值大小，分为轻、正常和重负荷三种类型（见表 6-2），选择配合时，应逐渐加紧。这是因为在重负荷和冲击负荷的作用下，为了防止轴承产生变形和受力不匀引起配合松动，随着负荷的增大，过盈量应选得大些，承受变化负荷应比承受平稳负荷的配合选得较紧一些。

表 6-2　当量径向动负荷 P 的类型

符合类型	P 值的大小
轻负荷	$P \leqslant 0.07C$
正常负荷	$0.07 < P \leqslant 0.15C$
重负荷	$P > 0.15C$

3）径向游隙

轴承的径向游隙分为第 2 组、基本组、第 3 组、第 4 组、第 5 组，游隙的大小依次由小到大。

游隙大小必须合适。过大不仅会使转轴发生较大的径向跳动和轴向窜动，还会使轴承产生较大的振动和噪声；过小会使轴承滚动体与套圈产生较大的接触应力，使轴承摩擦发热而降低寿命，故游隙大小应适度。

在常温状态下工作的具有基本组径向游隙的轴承（供应的轴承无游隙标记，即基本组游隙），按表选取轴颈和外壳孔公差带一般都能保证有适度的游隙。但如果重负荷轴承内径选取过盈量较大的配合（见表 6-3 中注③），为了补偿变形引起的游隙过小，则应选用大于基本组游隙的轴承。

表 6-3　安装向心轴承和角接触轴承的轴颈公差带

内圈工作条件		应用举例	深沟球轴承和角接触轴承	圆柱滚子轴承和圆锥滚子轴承	调心滚子轴承	轴径公差带
旋转状态	负荷类型		轴承公称内径/mm			
圆柱孔轴承						
内圈相对于负荷方向旋转和摆动	轻负荷	电器、仪表、机床主轴、精密机械、泵、通风机、传送带	≤18	—	—	h5
			18～100	≤40	≤40	j6①
			100～200	40～143	40～100	k6①
			—	140～200	100～200	m6①
	正常负荷	一般机械、电动机、涡轮机、泵、内燃机、变速箱、木工机械	≤18	—	—	j5
			18～100	≤40	≤40	k5②
			100～140	40～100	40～65	m5②
			140～200	100～140	65～100	m6
			200～280	140～200	100～140	n6

内圈工作条件		应用举例	深沟球轴承和角接触轴承	圆柱滚子轴承和圆锥滚子轴承	调心滚子轴承	轴径公差带
旋转状态	负荷类型		轴承公称内径/mm			
内圈相对于负荷方向旋转和摆动	正常负荷	一般机械、电动机、涡轮机、泵、内燃机、变速箱、木工机械	—	200～400	140～280	p6
			—	—	280～500	r6
			—	—	>500	r7
	重负荷	铁路车辆和电车的轴箱、牵引电动机、轧机、破碎机等重型机械	50～140	50～100		n6③
			140～200	100～140		p6③
			>200	140～200		r6③
			—	—	>200	r7③
内圈相对于负荷方向静止	各类负荷	静止轴上的各种轮子内圈必须在轴向容易移动	所有尺寸			g6①
		张紧滑轮、绳索轮内圈不需要在轴向移动	所有尺寸			H6①
纯轴向负荷		所有应用场合				j6、js6
圆锥孔轴承（带锥形套）						
所有负荷		火车和电车的轴箱	装在推卸套上的所有尺寸			h8（IT5）④
		一般机械传动	装在紧定套上的所有尺寸			h9（IT7）⑤

注：
① 对精度有较高要求的场合，应选用 j5、k5 等分别代替 j6、k6 等；
② 单列圆锥滚子轴承和单列角接触球轴承的内部游隙的影响不是特别重要，可用 k6 和 m6 分别代表 k 和 m5；
③ 应选用轴承径向游隙大于基本组游隙的滚子轴承；
④ 凡有较高的精度或转速要求的场合，应选用 h7，轴颈形状公差为 IT5；
⑤ 尺寸≥500 mm，轴颈形状公差为 IT7。

4）其他因素

（1）温度的影响。

因轴承摩擦发热和其他热源的影响而使轴承套圈的温度高于相配件的温度时，内圈轴颈的配合将会变松，外圈外壳孔的配合将会变紧，当轴承工作温度高于 100 ℃时，应对所选用的配合适当进行修正（减小外圈与外壳孔的过盈，增加内圈与轴颈的过盈）。

（2）转速的影响。

对于转速高又承受冲击动负荷作用的滚动轴承，轴承与轴承外壳孔的配合应选用过盈配合。

（3）公差等级的协调选择。

轴承和外壳孔公差等级应与轴承公差等级协调。如 P0 级轴承配合轴颈一般为 IT6，外壳孔则为 IT7；对旋转精度和运动平稳性有较高要求的场合（如电动机），轴颈为 IT5 时，外壳孔选为 IT6。

对于滚针轴承，当外壳孔材料为钢式或铸铁时，尺寸公差带可选用 N5（或 N6）；为轻合金时可选用 N5（或 N6）等略松的公差带。当轴颈尺寸公差有内圈时，选用 k5（或 j6）；无内圈时选用 h5（或 h6）。

滚动轴承与轴颈和外壳孔的配合，常常需要综合考虑上述因素，用类比法选取。其中安装向心轴承和角接触轴承的轴颈公差带、安装向心轴承和角接触轴承的外壳孔公差带、安装推力轴承的轴颈公差带和安装推力轴承的外壳孔公差带分别如表 6-4～表 6-6 所示。

表 6-4 安装向心轴承和角接触轴承的外壳孔公差带

外圈工作条件				应用举例	外壳孔公差带[2]
旋转状态	负荷类型	轴向位移的限度	其他情况		
外圈相对于负荷方向静止	轻、正常和重负荷	轴向容易移动	轴处于高温场合	烘干筒、有调心滚子轴承的大电动机	G7
			剖分式外壳	一般机械、铁路车辆轴箱	H7[1]
	冲击负荷	轴向能移动	整体式或剖分式外壳	铁路车辆轴箱轴承	J7[1]
外圈相对于负荷方向摆动	轻和正常负荷			电动机、泵、曲轴主轴承	K7[1]
	正常和重负荷			电动机、泵、曲轴主轴承	M7[1]
	重冲击负荷		整体式外壳	牵引电动机	M7[1]
外圈相对于负荷方向旋转	轻负荷	轴向不能移动		张紧滑轮	N7[1]
	正常和重负荷			装有球轴承的轮	P7[1]
	重冲击负荷		薄壁或整体式外壳	装有滚子轴承的轮毂	

注：① 对精度有较高要求的场合，应选用 P6、N6、M6、K6、J6 和 H6 分别代替 P7、N7、M7、K7、J7 和 H7，并应同时选用整体外壳；
② 对于轻合金外壳应选择比钢或铸铁外壳较紧的配合。

表 6-5 安装推力轴承的轴颈公差带

轴圈工作条件		推力球和圆柱滚子轴承	推力调心滚子轴承	轴径公差带
		轴承公称内径/mm		
纯轴向载荷		所有尺寸	所有尺寸	j6, js6
径向和轴向联合负荷	轴向相对于负荷静止	—	≤250	j6
		—	>250	js6
	轴圈相对于负荷方向旋转	—	≤200	k6
		—	>200～400	m6
		—	>400	n6

表 6-6 安装推力轴承的外壳孔公差带

座圈工作条件		轴承类型	外壳孔公差带
纯轴向负荷		推力球轴承	H8
		推力圆柱滚子轴承	H7
		推力调心滚子轴承	H7
径向和轴向联合负荷	座圈相对于负荷方向静止或摆动	推力调心滚子轴承	H7
	座圈相对于负荷方向旋转		M7

注：外壳孔与座圈间的配合间隙为 0.000 1D，D 为外直径。

2. 轴颈和外壳孔的几何公差与表面粗糙度

轴颈和外壳孔的几何公差与表面粗糙度的选择可参考表 6-7 和表 6-8，必须强调：为避免套圈安装后产生变形，轴颈、外壳孔应采用包容原则，并规定更严格的圆柱度公差；轴肩和外壳孔肩端面应规定端面圆跳动公差。

表 6-7　轴颈和外壳孔的几何公差（摘自 GB/T 275—1993）

轴承公称内、外径/mm	圆柱度				端面圆跳动			
	轴径		外壳孔		轴径		外壳孔	
	轴承精度等级							
	P0	P6	P0	P6	P0	P6	P0	P6
	公差值/μm							
>18～30	4	2.5	6	4	10	6	15	10
>30～50	4	2.5	7	4	12	8	20	12
>50～80	5	3	8	5	15	10	25	15
>80～120	6	4	10	6	15	0	25	15
>120～180	8	5	12	8	20	12	30	20
>180～250	10	7	14	10	20	12	30	20

表 6-8　轴颈和外壳孔的表面粗糙度（摘自 GB/T 275—1993）

配合表面	轴承精度等级	配合面的尺寸公差等级	轴承公称内、外径/mm	
			≤80	>80～150
			表面粗糙度参数 Ra 值/μm	
轴径	P0	IT6	≤1	≤1.6
外壳孔		IT7	≤1.6	≤2.5
轴径	P6	IT5	≤0.63	≤1
壳体孔		IT6	≤1	≤1.6
轴的外壳	P0	—	≤2	≤2.5
孔肩端面	P6		≤1.25	≤2

注：轴承装在紧定套或退卸套上时，轴表面的表面粗糙度参数 Ra 值不应大于 2.5 μm。

任务实施

任务回顾

如图 6-2 所示，小齿轮轴要求较高的旋转精度，轴承尺寸为内径 50 mm、外径 110 mm，额定动负荷 C_r=32 000 N，轴承承受的当量径向负荷 P_r=4 160 N。确定轴承的类型和精度等级，并确定负荷情况、轴颈和外壳孔的公差带代号，并确定孔、轴的形位公差值和表面粗糙度参数值，并分别标注在装配图和零件图上。

❖ 任务实施

1. 精度等级的确定

直齿圆柱齿轮减速器结构简单，属于普通机械，但小齿轮轴旋转精度要求较高，因而选用 6 级深沟球轴承可以满足使用要求及经济性。

2. 负荷情况的确定

由题意给定条件，可算得 $P_r = 4\,160/32\,000\ C_r = 0.13C_r$，属于正常负荷，根据减速器工作时的情况，轴承有时会承受冲击载荷。

3. 公差配合的确定

本轴承承受定向负荷的影响，轴承内圈与轴一起旋转，外圈安装在部分式壳体中，因此，内圈相对于负荷方向旋转，外圈相对于负荷方向静止。查表 6-3 选轴颈公差带为 $\phi50k5$（基孔制配合），查表 6-4 选外壳孔公差带为 $\phi110J7$（基轴制配合）。由于该轴旋转精度要求较高，故选用提高一个标准公差等级 J6 较为恰当，即 $\phi110J6$。由于轴承是标准件，因而在装配图上只需标出轴颈和外壳孔的公差带代号。轴颈和外壳孔的标注如图 6-12 所示。

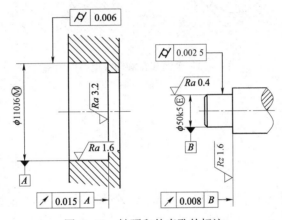

图 6-12　轴颈和外壳孔的标注

4. 形位公差的确定

轴颈和外壳孔的公差带确定以后，为了保证轴承的工作性能，还应对它们分别规定形位公差，因为确定轴承精度等级为 6 级，查表 6-7 得圆柱度公差值：轴颈为 2.5 μm，外壳孔为 6.0 μm；端面圆跳动公差值：轴肩为 8 μm，外壳孔肩端面为 15 μm，如图 6-12 所示。$\phi50k5$ 为了保证轴承与轴颈的配合性质应采用包容要求的零形位公差，$\phi110J6$ 为了保证轴承外圈与外壳孔的配合性质应采用最大实体要求的零形位公差，标注如图 6-12 所示。

5. 表面粗糙度的确定

按照经济加工精度，轴颈为 IT5 级精度，粗糙度公差值为 0.4 μm；外壳孔 6 级精度，查表 6-8 得表面粗糙度公差值为 1.6 μm，应采取磨削加工。按照经济加工精度，对于轴肩端面，查表 6-8 得粗糙度公差值为 1.6 μm，外壳孔端面粗糙度公差值为 3.2 μm，应采用车削，如图 6-12 所示。

任务二　平键、花键的公差与检测

任务描述与要求

图 6-13 所示为平键以及轮毂键槽、花键以及花键槽剖面图，试根据所学知识，确定平键的轴键槽以及轮毂键槽、花键以及花键槽的剖面尺寸及其公差带、形位公差和表面粗糙度，并在图样上进行标注。同时简述平键和矩形花键的检测方法及其合格条件。

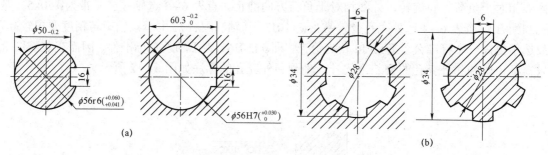

图 6-13　平键和花键轴或槽的剖面图
（a）平键；（b）花键

任务知识准备

一、平键

键连接用于轴与轴上零件（齿轮、皮带轮、联轴器等）之间的连接，用以传递转矩和运动。它属于可拆卸连接，在机械结构上应用非常广泛。当轴与传动件之间有轴向相对运动要求时，键连接和花键连接还能起到导向作用，如变速箱中的变速齿轮花键孔与花键轴的连接。

键又称为单键，可以分为平键、半圆键、切向键和楔形键等。其中，平键又分为普通平键、薄型平键、导向平键和滑键，楔键分为普通楔键和钩头楔键。在机械工程中，以平键和半圆键应用最为广泛。

我国现行的国家标准有 GB/T 1095—2003《平键　键槽的剖面尺寸》、GB/T 1096—2003《普通型平键》、GB/T 1097—2003《导向型　平键》、GB/T 1566—2003《薄型平键　键槽的剖面尺寸》、GB/T 1098—2003《半圆键　键槽的剖面尺寸》、GB/T 1568—2008《键　技术条件》等。

1. 普通平键连接的公差与配合

1）普通平键连接的结构参数

平键连接由键、轴键槽和轮毂键槽三部分组成，通过键的侧面与轴键槽及轮毂键槽的侧面相互接触来传递转矩，键的上表面和轮毂键槽间留有一定的间隙，图 6-14 所示为单键连接的几何尺寸。在平键连接中，键和轴键槽、轮毂键槽的宽度 b 是配合尺寸，应规定较严的公差；而键的高度 h 和长度 L 以及轴键槽的深度 t_1 皆是非配合尺寸，其精度要求较低。

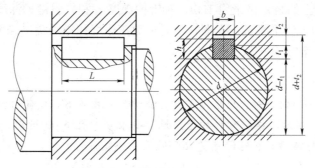

图 6-14　单键连接的几何尺寸

2）普通平键和键槽配合尺寸的公差与配合种类

平键连接配合的选用主要是根据使用要求和应用场合确定其配合种类。平键连接中键由型钢制成，是标准件，因此键与键槽宽度的配合采用基轴制。国家标准规定，按轴径确定键和键槽尺寸。普通平键和键槽的剖面尺寸可在 GB/T 1905—2003《平键　键槽的剖面尺寸》及 GB/T 1096—2003《普通型　平键》中查取。对键的宽度规定一种公差带 h9，对轴和轮毂键槽的宽度各规定三种公差带，以满足各种用途的需要。键宽度公差带分别与三种键槽宽度公差带形成三组配合，如图 6-15 所示。

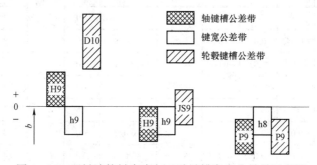

图 6-15　平键连接键宽度与三种键槽宽度公差带示意图

平键连接的配合及应用见表 6-9。

表 6-9　平键连接的三组配合及应用

配合种类	尺寸 b 的公差带			应用场合
	键	轴键槽	轮毂键槽	
松连接		H9	D10	用于导向平键，轮毂可在轴上轴向移动
正常连接	h9	N9	JS9	键在轴键槽和轮毂键槽中均固定，用于载荷不大的场合
紧密连接		P9	P9	键在轴键槽和轮毂键槽中均固定，主要用于载荷较大、载荷具有冲击以及双向传递转矩的场合

3）普通平键和键槽非配合尺寸的公差带

平键高度 h 的公差带一般采用 h11；截面尺寸为 2 mm×2 mm～6 mm×6 mm 的 B 型平

键，由于其宽度和高度不易区分，这种平键高度的公差带亦采用 h9。平键长度 L 的公差带采用 h14，轴键槽长度上的公差带采用 H14。轴键槽深度 t_1 和轮毂键槽深度 t_2 的极限偏差由国家标准专门规定。为了便于测量，在图样上对轴键槽深度和轮毂键槽深度分别标注"$d-t_1$"和"$d+t_2$"（d 为孔、轴的公称尺寸）。

小提醒

在选用平键连接的配合时，应根据平键的公称尺寸由表 6-10 查出轴槽深 t 与轮毂槽深 t_1 的尺寸和公差带，然后再根据零件的使用性能要求参考表 6-9 选取一组适宜的配合公差带，从而确定键宽与轴槽宽和轮毂槽宽配合的尺寸公差带。

表 6-10 普通平键键槽剖面尺寸及键槽极限偏差（摘自 GB/T 1095—2003） mm

轴	键	键槽										
公称尺寸 d	公称尺寸 $b \times h$	公称尺寸 b	松连接		正常连接		紧密连接	深度				半径 r	
			轴 H9	毂 D10	轴 N9	毂 JS9	轴和毂 P9	轴 t		毂 t_1		最大	最小
								公称尺寸	极限偏差	公称尺寸	极限偏差		
>22~30	8×7	8	+0.360	+0.098	0	±0.018	−0.015	4.0		3.3		0.16	0.25
>30~38	10×8	10	0	+0.040	−0.036		−0.051	5.0		3.3			
>38~44	12×8	12						5.0		3.3			
>44~50	14×9	14	+0.043	+0.012	0	±0.021	−0.018	5.5		3.8		0.25	0.40
>50~58	16×10	16	0	+0.050	−0.043		−0.061	6.0	+0.20	4.3	+0.20		
>58~65	18×11	18						7.0		4.4			
>65~75	20×12	20						7.5		4.9			
>75~85	22×14	22	+0.052	+0.149	0	±0.026	−0.022	9.0		5.4		0.40	0.60
>85~95	25×14	25		+0.065	−0.052		−0.074	9.0		5.4			
>95~110	28×16	28						10.0		6.4			

4）键槽的几何公差

键与键槽配合的松紧程度不仅取决于它们的配合尺寸公差带，还与它们配合表面的几何误差有关。为保证键与键槽之间有足够的接触面积和避免装配困难，应分别规定轴槽和轮毂槽的对称度公差。对称度公差值一般可按照 GB/T 1182—2008《产品几何技术规范（GPS）几何公差 形状、方向、位置和跳动公差标注》中对称度 7~9 级选取。对称度公差的主参数是键宽 b。

当键长 L 和键宽 b 之比大于或等于 8 时，应对键的两工作侧面在长度方向上规定平行度公差，平行度公差按 GB/T 1182—2008 选取；当 $b <$ mm 时，平行度公差等级取 7 级；当 $b \geqslant$ 8~36 mm 时，平行度公差等级取 6 级；当 $b \geqslant 40$ mm 时，平行度公差等级取 5 级。

5）平键和键槽的表面粗糙度要求

键和键槽的表面粗糙度参数 Ra 的上限值一般选取的范围是：键槽宽度 b 两侧面的表面粗

糙度 Ra 值推荐为 1.6～3.2 μm，键槽底面的 Ra 值一般取 6.3 μm，非配合表面取为 12.5 μm。

2. 普通平键的检测

键和键槽尺寸可以用千分尺、游标卡尺等通用长度计量器具来测量。键槽宽度可以用量块或极限量规检验。图 6-16（a）所示为检验键槽宽度的极限量规，图 6-16（b）所示为轮毂槽深度极限量规。

轴槽和轮毂槽的对称度，在单件小批量生产时，可以采用分度头、V 形块和百分表来测量键槽的对称度，如图 6-16（d）所示；大批量生产时，采用综合量规进行检测。图 6-16（c）所示为轴槽对称度量规，该量规以其 V 形表面作为定心表面来体现基准轴线（不受轴实际尺寸变化的影响），以检验键槽对称度误差，若 V 形表面与轴表面接触且量杆能够进入被测键槽，则表示合格。图 6-16（e）所示为轮毂槽对称度量规，该量规以圆柱面作为定位表面来体现基准轴线，以检验轮毂槽对称度误差，若它能够同时自由通过轮毂的基准孔和被测键槽，则表示合格。

检验键槽宽极限
尺寸量规

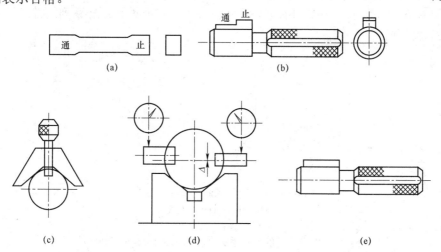

图 6-16　普通平键用综合量规

（a）键槽宽度极限量规；（b）轮毂槽深度极限量规；（c）轴槽对称度量规；
（d）采用分度头、V 形块和百分表测量键槽对称度；（e）轮毂槽对称度量规

二、花键

花键连接是多键接合，是将键与轴或孔制成一个整体，由内花键（花键孔）和外花键（花键轴）组成。

与键连接相比，花键特点是定心精度高、稳定性好、导向性好、承载能力强、连接可靠，因而在机械中获得广泛的应用。

按齿形的不同，花键可以分为矩形花键、渐开线花键和三角形花键，如图 6-17 所示。矩形花键的定心精度高，定心的稳定性好，承载能力强，加工工艺性良好，在航空、汽车、机床、农业机械及一般机械传动中应用最为广泛。

花键连接可作固定连接，也可作滑动连接。滑动连接要求导向精度及移动灵活性，固定连接要求可装配性。

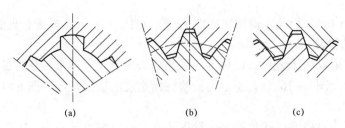

图 6-17　花键种类

（a）矩形花键；（b）渐开线花键；（c）三角形花键

1. 矩形花键

1）矩形花键的主要尺寸参数

矩形花键连接有三个主要尺寸参数：小径 d、大径 D、键（或槽）宽 B，如图 6-18 所示。

为了便于加工和检测，键数 N 规定为偶数，有 6、8、10 三种。按承载能力，对公称尺寸规定了轻、中两个系列，同一小径的轻与中系列的键数、键宽（或槽宽）均相同，仅大径不相同，如表 6-11 所示。中系列的键高尺寸较大，承载能力强；轻系列的键高尺寸较小、承载能力相对较低。

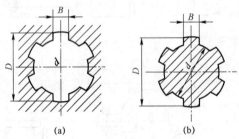

图 6-18　矩形花键的主要尺寸参数

（a）内花键；（b）外花键

表 6-11　矩形花键的尺寸系列（摘自 GB/T 1144—2001）　　　　　　　mm

小径 d	轻系列				中系列			
	规格 $N \times d \times D \times B$	键数 N	大径 D	键宽 B	规格 $N \times d \times D \times B$	键数 N	大径 D	键宽 B
11					$6 \times 11 \times 14 \times 3$	6	14	3
13					$6 \times 13 \times 16 \times 3.5$	6	46	3.5
16	—	—	—	—	$6 \times 16 \times 20 \times 4$	6	20	4
18					$6 \times 18 \times 22 \times 5$	6	22	5
21					$6 \times 21 \times 25 \times 5$	6	25	5
23	$6 \times 23 \times 26 \times 6$	6	26	6	$6 \times 23 \times 28 \times 6$	6	28	6
28	$6 \times 28 \times 32 \times 7$	6	32	7	$6 \times 28 \times 34 \times 7$	6	34	7
32	$8 \times 32 \times 36 \times 6$	8	36	6	$8 \times 32 \times 38 \times 6$	8	38	6
36	$8 \times 36 \times 40 \times 7$	8	40	7	$8 \times 36 \times 42 \times 7$	8	42	7
42	$8 \times 42 \times 46 \times 8$	8	46	8	$8 \times 42 \times 48 \times 8$	8	48	8
46	$8 \times 46 \times 50 \times 9$	8	50	9	$8 \times 46 \times 54 \times 9$	8	54	9

2. 矩形花键的定心方式

矩形花键连接是靠内、外花键的大径 D、小径 d、键（或槽）宽 B 同时参与配合，来保证内、外花键的同轴度（定心精度）、连接强度和传递转矩的可靠性。对要求轴向滑动的连接，还应保证导向精度。

在矩形花键连接中，若要使 D、d 和 B 三个尺寸同时达到高精度的配合很困难，也没有必要，所以在使用中只要选择其中一个尺寸的接合面作为主要配合面，来确定内、外花键的配合性质，这个接合面称为定心表面。每个接合面都可以作为定心表面，因此，花键连接可以有三种定心方式：小径 d 定心、大径 D 定心、键侧（键槽侧）B 定心，如图 6-19 所示。前两种定心方式的定心精度比后一种方式高，而键和键槽的侧面无论是否作为定心表面，其宽度尺寸 B 都应具有足够的精度，因为它们要传递转矩和导向。此外，非定心直径表面之间应该有足够的间隙。

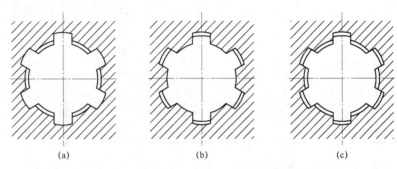

图 6-19　矩形花键联结的定心方式
（a）大径定心；（b）小径定心；（c）键宽定心

GB/T 1144—2001 规定矩形花键连接采用小径定心，这是因为在内、外花键制造过程中需要进行热处理（淬硬）来提高硬度和耐磨性。淬硬后应采用磨削来修正热处理变形，以保证定心表面的精度要求。如果采用大径定心，则内花键大径表面很难磨削，内花键定心表面的精度靠拉刀来保证，当内花键定心表面硬度要求较高时，很难用拉刀修正。采用小径定心，磨削内、外花键小径表面就很容易。此外，当内花键尺寸精度要求高时，如 IT5 级和 IT6 级精度齿轮的花键孔，定心表面尺寸的标准公差等级分别为 1T5 和 IT6，采用大径定心，则拉削内花键不能达到高精度大径要求，而采用小径定心就可以通过磨削达到高精度小径要求。

 小提醒

矩形花键连接采用小径定心就可以得到更高的定心精度，并能保证和提高花键的表面质量，标准规定内、外花键在大径处留有较大的间隙。

3. 矩形花键的公差与配合

GB/T 1144—2001 规定的矩形花键按装配形式分为滑动、紧滑动、固定三种。按精度高低，这三种装配形式各分为一般用途和精密传动使用两种。矩形花键的定心小径、非定心大径和键宽（键槽宽）的尺寸公差带与装配形式如表 6-12 所示。

表 6-12　矩形花键的定心小径、非定心大径和键宽（键槽宽）的尺寸
公差带与装配形式（摘自 GB/T 1144—2001）

内花键				外花键			装配形式
小径 d	大径 D	键槽宽 B		小径 d	大径 D	键宽 B	
		拉削后不热处理	拉削后热处理				
一般传动用							
H7	H10	H9	H11	f7	d10		滑动
				g7	a11	f9	紧滑动
				h7		h10	固定
精密传动用							
H5	H10	H7、H9		f5		d8	滑动
				g5		f7	紧滑动
				h5	a11	h8	固定
H6				f6		d8	滑动
				g6		f7	紧滑动
				h6		h8	固定

注：① 精密传动用的内花键，当需要控制键侧配合间隙时，槽宽可选用 H7，一般情况可选用 H9；
② 当内花键公差带为 H6 和 H7 时，允许与高一级的外花键配合。

为了减少花键拉刀和花键塞规的品种、规格，花键连接采用基孔制配合。

对于拉削后不进行热处理和拉削后进行热处理的零件，因为所使用的拉刀不同，故采用不同的公差带。

一般传动用内花键拉削后再进行热处理，其键（键槽）宽的变形不易修正，故公差要降低要求（由 H9 降为 H11）。对于精密传动用内花键，当连接要求键侧配合间隙较高时，槽宽公差带选用 H7，一般情况选用 H9。

在一般情况下，定心直径 d 的公差带，内、外花键取相同的公差等级。这个规定不同于普通光滑孔、轴的配合，主要是考虑到矩形花键采用小径定心，使加工难度由内花键转为外花键。但在有些情况下，内花键允许与提高一级的外花键配合，如公差带为 H7 的内花键可以与公差带为 f6、g6、h6 的外花键配合，公差带为 H6 的内花键可以与公差带为 f5、g5、h5 的外花键配合，这主要是考虑矩形花键常用来作为齿轮的基准孔，在贯彻齿轮标准过程中，有可能出现外花键的定心直径公差等级高于内花键定心直径公差等级的情况，而大径只有一种配合，为 H10/a11。

矩形花键连接的公差与配合选用主要是确定连接精度和装配形式。连接精度主要根据定心精度要求和传递扭矩的大小选择。精密级一般用于精密传动定心精度要求高或传递扭矩大而且平稳的场合；一般级适用于汽车、拖拉机的变速箱中。

花键的装配形式可根据使用条件来选取。若内、外花键在工作中只传递转矩，而无相对轴向移动要求，则一般选用配合间隙最小的固定连接。若除了传递转矩外，内、外花键之间还有相对轴向移动，则应选用滑动或紧滑动连接。若移动时定心精度要求高、传递转矩大或经常有反向转动的情况，则选用配合间隙较小的紧滑动连接，以减小冲击与空程，并使键侧

表面应力分布均匀；而对于移动距离长、移动频率高的情况，应选用配合间隙较大的滑动连接，以保证运动灵活性及配合面间有足够的润滑层。

4. 矩形花键的几何公差

几何公差对花键配合的装配性能和传递转矩与运动的性能影响很大，必须加以控制。国家标准 GB/T 1144—2001 对矩形花键的几何公差有以下规定。

（1）为保证定心表面的配合性质，内、外花键小径定心表面的形状公差和尺寸公差的关系应遵守包容要求。

（2）在大批量生产时，采用花键综合量规来检验矩形花键，因此键宽需要遵守最大实体要求。对键和键槽只需规定位置度公差。矩形花键的位置度公差见表 6-13，图样标注如图 6-20 所示。

表 6-13　矩形花键的位置度公差（摘自 GB/T 1144—2001）　　　　　mm

键槽宽或键宽 B		3	3.5～6	7～10	12～18
		位置度公差 t_1			
键槽宽		0.010	0.015	0.020	0.025
键宽	滑动、固定	0.010	0.015	0.020	0.025
	紧滑动	0.006	0.010	0.013	0.016

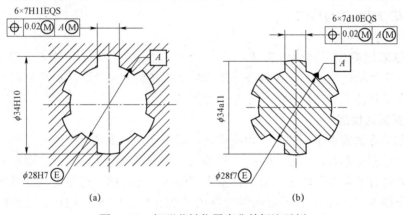

图 6-20　矩形花键位置度公差标注示例
（a）内花键；（b）外花键

（3）在单件、小批量生产时，采用单项测量，对键（键槽）宽应规定键（键槽）宽度对称度公差和等分度公差，并遵守独立原则，二者同值。对称度公差值见表 6-14，图样标注如图 6-21 所示。

对于较长的花键，可根据产品性能自行规定键（键槽）侧对小径 d 轴线的平行度公差。

表 6-14　矩形花键的对称度公差（摘自 GB/T 1144—2001）　　　　　mm

键槽宽或键宽 B	3	3.5～6	7～10	12～18
	对称度公差 t_2			
一般传动用	0.010	0.015	0.020	0.025
精密传动用	0.006	0.008	0.009	0.011

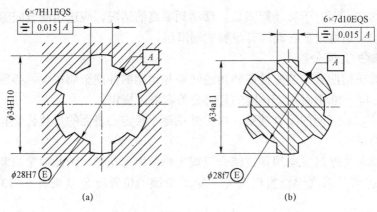

图 6-21　矩形花键对称度公差的标注示例

(a) 内花键；(b) 外花键

5. 矩形花键的表面粗糙度

矩形花键的表面粗糙度参数一般是标注 Ra 的上限值要求。矩形花键表面粗糙度 Ra 参数的上限值一般这样选取：内花键的小径表面不大于 0.8 μm，键侧面不大于 3.2 μm，大径表面不大于 6.3 μm；外花键的小径表面不大于 0.8 μm，键侧面不大于 0.8 μm，大径表面不大于 3.2 μm。

6. 矩形花键的标注与检测

1）矩形花键的标注方法

矩形花键的规格按下列顺序表示：键数 N×小径 d×大径 D×键宽（键槽宽）B，即 $N×d×D×B$。需要标注公差时，各自公差带代号紧跟其后，按此顺序在装配图上标注花键的配合代号，在零件图上标注花键的尺寸公差带代号。

7. 矩形花键的检测

花键检测的方式根据不同的生产规模而定。对单件、小批量生产的内、外花键，可用通用量具按独立原则分别对尺寸 d、D 和 B 进行尺寸误差单项测量，对键（键槽）宽的对称度及等分度分别进行几何误差测量。对大批量生产的内、外花键，可采用综合量规［内花键用综合塞规（见图 6-22（a）、外花键用综合环规（见图 6-22（b）］按包容原则检测花键的小径 d，并按最大实体原则综合检测花键的大径 D 及键（键槽）宽 B，综合量规只有通端，故另需用单项量规（内花键用塞规、外花键用卡板）分别检测 d、D 和 B 的最小实体尺寸，单项量规只有止端。检测时，若综合量规不能通过则花键合格。

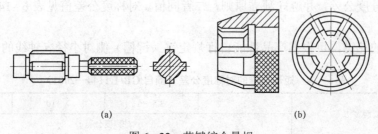

(a)　　　　　　　　　　　　(b)

图 6-22　花键综合量规

（a）内花键用综合塞规；（b）外花键用综合环规

任务实施

任务回顾

图 6-13 所示为平键轴和花键轴或槽的剖面图，试根据所学知识，确定平键的轴键槽以及轮毂键槽、花键以及花键槽的剖面尺寸及其公差带、形位公差和表面粗糙度，并在图样上进行标注。同时简述平键和矩形花键的检测方法及其合格条件。

任务实施

1. 平键连接

（1）由图 6-13 的几何关系知，$t_1 = 56 - 50 = 6$（mm），$h = 60.3 - 50 = 10.3$（mm），$b = 16$ mm，采用正常连接，查表 6-10 得轴 $N9_{-0.043}^{0}$ mm，JS（$9 \pm 0.021\ 5$）mm。

（2）键与键槽配合的松紧程度还与它们配合表面的形位误差有关，因此应分别规定轴键槽宽度的中心平面对轴的基准轴线和轮毂键槽宽度的中心平面对孔的基准轴线的对称度公差。该对称度公差与键槽宽度的尺寸公差及孔、轴尺寸公差的关系可以采用独立原则或最大实体要求。

（3）键槽宽度 b 两侧面的表面粗糙度 Ra 值推荐为 $1.6 \sim 3.2$ μm，键槽底面的 Ra 值一般取 6.3 μm，非配合表面取为 12.5 μm。

因此得到轴键槽和轮毂键槽剖面尺寸及其公差带、键槽的形位公差和表面粗糙度并能在图样上标注，如图 6-23 所示。图 6-23（a）中总对称度公差采用独立原则，图 6-23（b）中对称度公差采用最大实体要求。

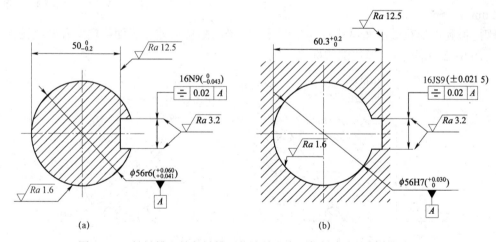

图 6-23　轴键槽和轮毂键槽形位公差和表面粗糙度在图样上的标注

（4）如图 6-24 所示，轴键槽对称度公差与键槽宽度的尺寸公差的关系采用最大实体要求，而该对称度公差与轴径尺寸公差的关系采用独立原则。这时键槽对称度误差可用图 6-24（b）所示的量规检验。该量规以其 V 形表面作为定心表面来体现基准轴线，检验键槽对称度误差，若 V 形表面与轴表面接触且量杆能够进入被测键槽，则表示合格。

轮毂键槽对称度可用图 6-24（b）所示的量规检验。若量规能够自由通过轮毂的基准孔和被测键槽，则表示轮毂键槽合格；否则，为不合格。

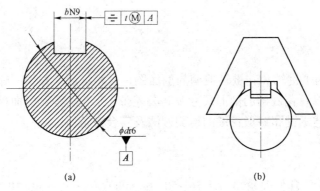

图 6-24　轴键槽对称度量规

2. 矩形花键连接

（1）查表 6-12 选取一般用矩形花键，内花键小径 d 的公差带为 H7，大径 D 的公差带为 H10，键宽 B 的公差带为 H11；对应着外花键小径 d 的公差带为 f7，大径 D 的公差带为 a11，键宽 B 的公差带为 d10，装配形式为滑动。

（2）内、外花键是具有复杂表面的接合件，且键长与键宽的比值较大，因此还需要有形位公差要求。由于键宽 $B=6$ mm，查表 6-13 的位置度公差 $t_1=0.015$ mm。若是规定对称度公差，则注意键宽的对称度公差与小径定心表面的尺寸公差关系应遵循独立原则。

（3）矩形花键的表面粗糙度选取：内花键的小径表面为 $Ra0.8$ μm，键侧面为 $Ra3.2$ μm，大径表面为 $Ra6.3$ μm；外花键的小径表面为 $Ra0.8$ μm，键侧面为 $Ra0.8$ μm，大径表面为 $Ra3.2$ μm。

因此得到矩形花键剖面尺寸及其公差带、键槽的形位公差和表面粗糙度及其在图样上的标注，图 6-25 所示为矩形花键的标注。

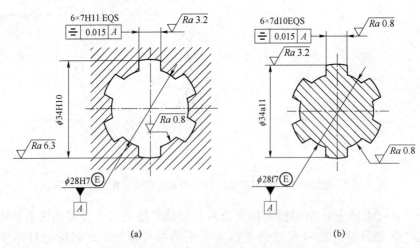

图 6-25　矩形花键的标注

（4）内花键用塞规检测，外花键用环规检测。检测时，若被测花键能被通规通过，单项止端量规不能通过，则表示被测花键合格；若被测花键不能被花键量规通过，或者能够被单项止端通规通过，则表示被测花键不合格。

任务三　螺纹公差配合与检测

任务描述与要求

如图 6-26 所示一螺纹，代号为 M24×2-6 h，测得其单一中径 $d_{2\,\text{单一}}=25.5$ mm，螺距误差 $\Delta P=+35$ μm，牙型半角误差 $\Delta\alpha/2(左)=-30'$，$\Delta\alpha/2(右)=+65'$，试解释螺纹代号的含义，判断其合格性，并简述用三针量法测量螺纹中径的步骤。

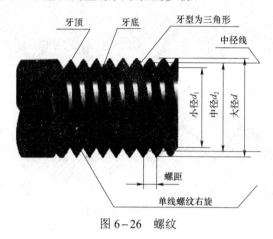

图 6-26　螺纹

任务知识准备

螺纹在机械行业中应用广泛，螺纹的互换程度也很高。螺纹的几何参数较多，国家标准对螺纹的牙型、公差与配合等都作了规定，以保证其几何精度。

一、螺纹分类及使用要求

螺纹的种类繁多，按螺纹的接合性质和使用要求可以分为以下三类。

1. 普通螺纹

普通螺纹又称紧固螺纹或连接螺纹，其作用是使零件相互连接或紧固成一体，并可拆卸，如螺栓与螺母连接、螺钉与机体连接、管道连接，这类螺纹多用于三角形牙型。对这类螺纹的要求主要是可旋合性和连接可靠性，可旋合性是指相同规格的螺纹易于旋入或拧出以便装配或拆卸。连接可靠性是指螺纹有足够的连接强度，接触均匀，不易松脱。

2. 传动螺纹

传动螺纹用于传递运动、动力和位移。对它的使用要求：传动动力可靠；传动比稳定；有一定的保证间隙，以便于传动和储存润滑油。传动螺纹的牙型常常用梯形、锯齿形、矩形和三角形。

3. 密封螺纹

密封螺纹主要用于对于气体和液体的密封，如管螺纹的连接，要求接合紧密，不漏水、不漏气、不漏油。对于这类螺纹接合的要求主要是具有良好的可旋合性和密封性。

本任务主要介绍应用最为广泛的公制普通螺纹的公差配合与检测。

二、普通螺纹的主要几何参数

1. 普通螺纹的基本牙型

按 GB/T 192—2003 规定，普通螺纹的基本牙型如图 6-27 所示。基本牙型定义在轴向剖面上，是指切削去原始正三角形的顶部和底部所形成的内、外螺纹共有的理论牙型。它是确定螺纹设计牙型的基础，内、外螺纹的大径、中径、小径的基本尺寸都在基本牙型上定义。

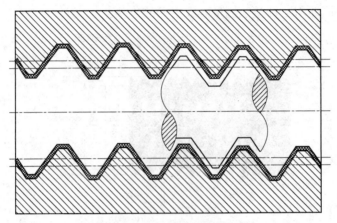

图 6-27　普通螺纹的基本牙型

2. 普通螺纹的主要几何参数

（1）原始三角形高度 H。原始三角形高度 H 是指由原始三角形顶点沿垂直于螺纹轴线方向到其底边的距离，如图 6-28 所示。H 与螺距 P 的几何关系为 $H = \dfrac{\sqrt{3}}{2} P$。

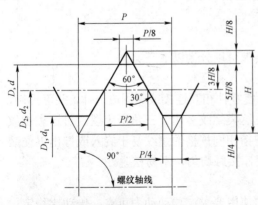

图 6-28　普通螺纹的主要几何参数

（2）大径 D（d）。螺纹的大径是指与外螺纹的牙顶（或内螺纹的牙底）相切的假想圆柱的直径。内、外螺纹的大径分别用 D、d 表示，如图 6-28 所示。外螺纹的大径又称为外螺纹的顶径。螺纹大径的基本尺寸为螺纹的公称直径。

（3）小径 D_1（d_1）。螺纹的小径是指与外螺纹的牙底（内螺纹的牙顶）相切的假想圆柱的直径。内、外螺纹的小径分别用 D_1 和 d_1 表示。内螺纹的小径又称为内螺纹的顶径。

（4）中径 D_2（d_2）。螺纹牙型的沟槽和凸起宽度相等处假想的圆柱的直径称为螺纹的中径。内、外螺纹中径分别用 D_2 和 d_2 表示。

（5）螺距 P 和导程 L。在螺纹中径线（中径所在圆柱面的母线）上，相邻两牙对应两点间轴向距离称为螺距，用 P 表示，如图 6-28 所示。螺距有粗牙和细牙两种。国家标准规定了普通螺纹公称直径与螺距系列，见表 6-15。

表 6-15 普通螺纹公称直径与螺距标准组合系列（摘自 GB/T 193—2003） mm

公称直径 D、d			螺距 P					
			粗牙	细牙				
第一系列	第二系列	第三系列		2	1.5	1.25	1	0.75
10			1.5			1.25	1	0.75
		11	1.5				1	0.75
12			1.75		1.5	1.25	1	
	14		2			1.5	1.25	1
		15			1.5		1	
16			2			1.5	1	
		17			1.5		1	
	18		2.5	2	1.5		1	
20			2.5	2	1.5		1	
	22		2.5	2	1.5		1	
24			3	2	1.5		1	
	25			2	1.5		1	
		26		2	1.5		1	
	27		3	2	1.5		1	
		28		2	1.5		1	

导程与螺距不同，导程是指同一条螺旋线相邻两牙在中径线上对应两点之间的轴向距离，用 L 表示。对单线螺纹，导程和螺距相等；对多线螺纹，导程 L 等于螺距 P 与螺纹线数 n 的乘积，即 $L=nP$。

（6）单一中径。单一中径是指一个假象圆柱的直径，该圆柱的母线通过牙型上沟槽宽度等于 1/2 螺距的基本尺寸处，如图 6-29 所示。

（7）牙型角 α 和牙型半角 $\frac{\alpha}{2}$。牙型角是指在螺纹牙型上相邻两个牙侧面的夹角。如图 6-28 所示，普通螺纹的牙型角为 60°。牙型半角是指在螺纹牙型上，某一牙侧与螺纹轴线间的垂线间的夹角。如图 6-28 所示，普通螺纹的亚型半角为 30°。

相互旋合的内、外螺纹，它们的基本参数相同。

已知螺纹的公称直径（大径）和螺距，用下列公式可计算出螺纹的小径和中径。

$$D_2(d_2) = D(d) - 2 \times \frac{3}{8}H = D(d) - 0.649\,5P$$

$$D_1(d_1) = D(d) - 2 \times \frac{5}{8}H = D(d) - 1.082\,5P$$

如果有资料，则不必计算，可直接查相关资料。

（8）螺纹的旋合长度。螺纹的旋合长度是指两个相互旋合的内、外螺纹，沿螺纹轴线方向相互旋合部分的长度，如图 6-30 所示。

螺纹的旋合长度

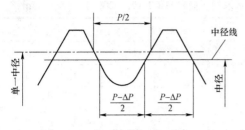

图 6-29　螺纹的单一中径

P—基本螺距；ΔP—螺距偏差

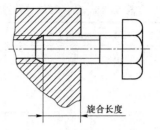

图 6-30　螺纹的旋合长度

三、普通螺纹的几何参数误差对互换性的影响

螺纹的几何参数较多，加工过程中都会产生误差，将不同程度地影响螺纹的互换性。其中，中径误差、螺距误差和牙型半角误差是影响互换性的主要因素。

1. 螺距误差对螺纹互换性的影响

普通螺纹的螺距误差有两种，一种是单个螺距误差，另一种是螺距累积误差。单个螺距误差是指单个螺距的实际值与理论值之差，与旋合长度无关，用 ΔP 表示；螺距累计误差是指在指定的螺纹长度内，包含若干个螺距的任意两牙，在中径线上对应两点之间的实际轴向距离与其理论值（两牙间所有理论螺距之和）之差，与旋合长度有关，用 ΔP_Σ 表示。影响螺纹旋合性的主要是螺距累积误差，如图 6-31 所示。

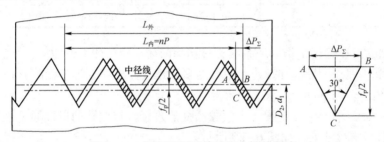

图 6-31　螺距累积误差对旋合性的影响

假设内螺纹无螺距误差，也无牙型半角误差，并假设外螺纹无半角误差但存在螺距累积误差，则当内、外螺纹旋合时就会发生干涉（图 6-31 中阴影部分），且随着旋进牙数的增加，干涉量会增加，最后无法再旋合，从而影响螺纹的旋合性。

螺距误差主要是由加工机床运动链的传动误差引起的。若用成形刀具如板牙、丝锥加工，则刀具本身的螺距误差会直接造成工件的螺距误差。

螺距累积误差 ΔP_Σ 虽是螺纹牙侧在轴线方向的位置误差，但从影响旋合性上来看，它与螺纹牙侧在径向的位置误差（外螺纹中径增大）的结果是相当的。可见，螺距误差是与中径相关的，即可把轴向的 ΔP_Σ 转换成径向的中径误差。

为了使有螺距累积误差的外螺纹仍能与具有基本牙型的内螺纹自由旋合，必须将螺纹中径减小一个 f_p 值（或将内螺纹中径加大一个 f_p 值），f_p 值称为螺距误差的中径当量。

在图 6-31 中，由 $\triangle ABC$ 得

螺距误差对螺纹
旋合性的影响

$$f_p = |\Delta P_\Sigma| \cot \frac{\alpha}{2}$$

对公制螺纹，$\alpha / 2 = 30°$，则

$$f_p = 1.732|\Delta P_\Sigma|$$

同理，当内螺纹有螺距误差时，为了保证内、外螺纹自由旋合，应将内螺纹的中径加大一个 f_p 值（或将外螺纹中径减少一个 f_p 值）。

2. 牙型半角误差对互换性的影响

螺纹牙型半角误差是指实际牙型半角与理论牙型半角之差。螺纹牙型半角误差有两种，一种是螺纹的左、右牙型半角不对称，即 $\Delta\left(\dfrac{\alpha}{2}\right)_左 \neq \Delta\left(\dfrac{\alpha}{2}\right)_右$，如图 6-32（a）所示。车削螺纹时，若车刀未装正，便会造成这种结果。另一种是左、右牙型半角相等，但不等于 30°。这是由于加工螺纹的刀具角度不等于 60° 所致，如图 6-32（b）所示。无论哪一种牙型半角误差，都会影响螺纹的旋合性。

半角误差对螺纹可旋合性的影响

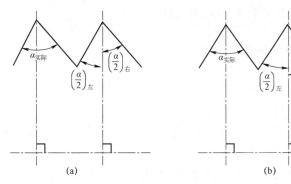

| (a) | (b) |

图 6-32　螺纹的牙型半角误差

假设内螺纹具有理想的牙型，且外螺纹无螺距误差，而外螺纹的左半角误差 $\Delta\left(\dfrac{\alpha}{2}\right)_左 < 0$，右半角误差 $\Delta\left(\dfrac{\alpha}{2}\right)_右 > 0$。由于外螺纹存在半角误差，故当它与具有理想牙型内螺纹旋合时，将分别在牙的上半部 $3H/8$ 处和下半部 $H/4$ 处发生干涉（见图 6-33 中阴影），从而影响内、外螺纹的旋合性。为了让一个有半角误差的外螺纹仍能与内螺纹自由旋合，必须将外螺纹的中径减小 $f_{\frac{\alpha}{2}}$，该减小量称为半角误差的中径当量。由图中的几何关系可以推导出在一定的半角误差下，外螺纹牙型半角误差的中径当量 $f_{\frac{\alpha}{2}}$ 为

$$f_{\frac{\alpha}{2}} = 0.073P\left(k_1\left|\Delta\left(\frac{\alpha}{2}\right)_左\right| + k_2\left|\Delta\left(\frac{\alpha}{2}\right)_右\right|\right)$$

式中，P——螺距；

k_1，k_2——修正系数；

k 的取值：当 $\Delta\dfrac{\alpha}{2}>0$ 时，$k=2$；当 $\Delta\dfrac{\alpha}{2}<0$ 时，$k=3$。

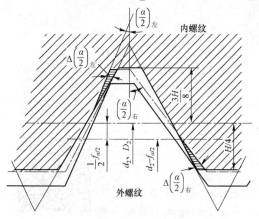

图 6-33　半角误差对螺纹旋合性的影响

当外螺纹具有理想牙型，而内螺纹存在半角误差时，就需要将内螺纹的中径加大一个 $f_{\frac{\alpha}{2}}$ 量。

在国家标准中没有规定普通螺纹的牙型半角公差，而是折算成中径公差的一部分，通过检验中径来控制牙型半角误差。

3. 中径误差对螺纹互换性的影响

由于螺纹在牙侧面接触，因此，中径的大小将直接影响牙侧相对轴线的径向位置：外螺纹中径大于内螺纹中径，影响旋合性；外螺纹中径过小，影响连接强度。因此，必须对内、外螺纹中径误差加以控制。

综上所述，螺纹的螺距误差、牙型半角误差和中径误差都会影响螺纹的互换性。螺距误差、牙型半角误差可以用中径当量 f_{p}、$f_{\frac{\alpha}{2}}$ 来表征。

4. 保证普通螺纹互换性的条件

1）普通螺纹作用中径的概念

螺纹牙型的沟槽和凸起宽度相等处假想圆柱的直径称为中径（D_2、d_2）。螺纹的牙槽宽度等于螺距一半处假想圆柱的直径，称为单一中径（$D_{2\,单一}$、$d_{2\,单一}$）。对于没有螺距误差的理想螺纹，其单一中径与中径数值一致；对于有螺距误差的实际螺纹，其中径和单一中径数值是不一致的。

内、外螺纹旋合时实际起作用的中径称为作用中径（$D_{2\,作用}$、$d_{2\,作用}$）。

当外螺纹存在牙型半角误差时，为了保证其可旋合性，须将外螺纹的中径减小一个中径当量 $f_{\frac{\alpha}{2}}$，即相当于在旋合中外螺纹真正起作用的中径比理论中径增大了一个 $f_{\frac{\alpha}{2}}$。同理，当该外螺纹又存在螺距累积误差时，其真正起作用的中径又比原来增大了一个 f_{p} 值。因此，对于实际外螺纹而言，其作用中径为

$$d_{2\,作用}=d_{2\,单一}+\left(f_{\mathrm{p}}+f_{\frac{\alpha}{2}}\right)$$

对于内螺纹而言，当存在牙型半角误差和螺距累积误差时，相当于在旋合中起作用的中径值减小了，即内螺纹的作用中径为

$$d_{2\,作用}=d_{2\,单一}-\left(f_{\mathrm{p}}+f_{\frac{\alpha}{2}}\right)$$

显然，为使外螺纹与内螺纹能自由旋合，应保证 $D_{2\,作用}\geqslant d_{2\,作用}$。

2）保证普通螺纹互换性的条件。

作用中径将中径误差、螺距误差和牙型半角误差三者联系在了一起，它是影响螺纹互换性的主要因素，必须加以控制。在螺纹连接中，若内螺纹单一中径过大，外螺纹单一中径过小，内、外螺纹虽可旋合，但间隙过大，影响连接强度。因此，对单一中径也应控制。控制

作用中径以保证旋合性，控制单一中径以保证连接强度。

保证普通螺纹互换性的条件遵循泰勒原则。

对于外螺纹：作用中径不大于中径最大极限尺寸；任意位置的实际中径不小于中径最小极限尺寸，即

$$d_{2作用} \leqslant d_{2\max}, \quad D_{2a} \geqslant d_{2\min}$$

对于内螺纹：作用中径不小于中径最小极限尺寸；任意位置的实际中径不大于中径最大极限尺寸，即

$$D_{2作用} \geqslant D_{2\min}, \quad D_{2a} \leqslant D_{2\max}$$

国家标准没有单独规定螺距、牙型半角公差，只规定了内、外螺纹的中径公差（T_{D_2}、T_{d_2}），通过中径公差同时限制实际中径、螺距及牙型半角三个参数的误差。由于螺距和牙型半角误差的影响可折算为中径补偿值，因此只要规定中径公差即可控制中径本身的尺寸偏差、螺距误差和牙型半角误差的共同影响。可见，中径公差是一项综合公差。

四、普通螺纹的公差与配合

要保证螺纹的互换性，必须对螺纹的几何精度提出要求。国家标准 GB/T 197—2003《普通螺纹 公差》中，对普通螺纹规定了供选用的螺纹公差、螺纹配合、旋合长度及精度等级。

1. 普通螺纹的公差带

普通螺纹的公差带由基本偏差决定其位置，由公差等级决定其大小。

1）公差带的形状和位置

螺纹公差带以基本牙型为零线，沿着螺纹牙型的牙侧、牙顶和牙底布置，在垂直于螺纹轴线的方向上计量。普通螺纹规定了中径和顶径的公差带，对外螺纹的小径规定了最大极限尺寸，对内螺纹的大径规定了最小极限尺寸，如图6-34所示。图中 ES、EI 分别是内螺纹的上、下偏差，es、ei 分别是外螺纹的上、下偏差，T_{D_2}、T_{d_2} 分别是内、外螺纹的中径公差。内螺纹的公差带位于零线上方，小径 D_1 和中径 D_2 的基本偏差相同，为下偏差 EI。外螺纹的公差带位于零线下方，大径 d_1 和中径 d_2 的基本偏差相同，为上偏差 es。

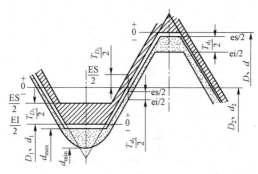

图6-34 普通螺纹的公差带

国家标准 GB/T 197—2003 对内、外螺纹规定了基本偏差，用以确定内、外螺纹公差带相对于基本牙型的位置。对外螺纹规定了四种基本偏差，其代号分别为 h、g、f、e；对内螺纹规定了两种基本偏差，其代号分别为 H、G，如图6-35所示。内、外螺纹的基本偏差值见表6-16。

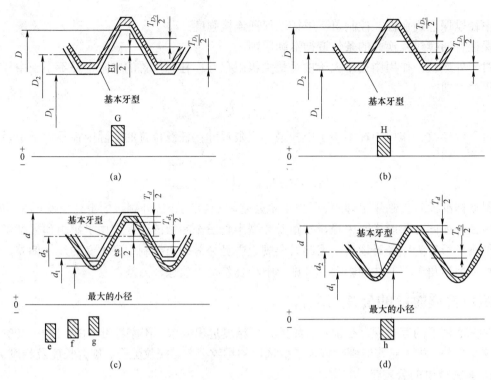

图 6-35　内、外螺纹的公差带位置

（a）内螺纹公差带位置 G；（b）内螺纹公差带位置 H；（c）外螺纹公差带位置 e、f、g；（d）外螺纹公差带位置 h

表 6-16　内、外螺纹的基本偏差（摘自 **GB/T 197—2003**）　　　　　　μm

螺距 P/mm	内螺纹 D_2、D_1		外螺纹 d_1、d_2			
	G	H	e	f	g	h
	EI		es			
0.75	+22	0	−56	−38	−22	0
0.8	+24	0	−60	−38	−24	0
1	+26	0	−60	−40	−26	0
1.25	+28	0	−63	−42	−28	0
1.5	+32	0	−67	−45	−32	0
1.75	+34	0	−71	−48	−34	0
2	+38	0	−71	−52	−38	0
2.5	+42	0	−80	−58	−42	0
3	+48	0	−85	−63	−48	0

2）公差带的大小和公差等级

普通螺纹公差带的大小由公差等级决定。内、外螺纹中径、顶径公差等级见表 6-17，其中 6 级为基本级，各公差值见表 6-18 和表 6-19。由于内螺纹加工困难，故在公差等级和螺距值都一样的情况下，内螺纹的公差值比外螺纹的公差值大约大 32%。

表 6-17 螺纹公差等级

螺纹直径		公差等级
内螺纹	中径 D_2	4、5、6、7、8
	顶径（小径）D_1	
外螺纹	中径 d_2	3、4、5、6、7、8、9
	顶径（小径）d_1	4、6、8

表 6-18 内、外螺纹中径公差（摘自 GB/T 197—2003）　　　μm

公称直径 D/mm		螺距	内螺纹中径公差 T_{D_2}				外螺纹中径公差 T_{d_2}			
			公差等级							
>	≤	P/mm	5	6	7	8	5	6	7	8
5.6	11.2	0.75	106	170	170	—	80	100	125	—
		1	118	190	190	236	90	112	140	180
		1.25	125	200	200	250	95	118	150	190
		1.5	140	224	224	280	106	132	170	212
11.2	22.4	0.75	112	140	180	—	85	106	132	—
		1	125	460	200	250	95	118	150	190
		1.25	140	180	224	280	106	132	170	212
		1.5	150	190	236	300	112	140	180	224
		1.75	160	200	250	315	118	150	190	236
		2	170	212	265	335	125	160	200	250
		2.5	180	224	280	355	132	170	212	265
22.4	45	1	132	170	212	—	100	125	160	200
		1.5	160	200	250	315	118	150	190	236
		2	180	224	280	355	132	170	212	265
		3	212	265	335	425	160	200	250	315

表 6-19 内、外螺纹顶径公差（摘自 GB/T 197—2003）　　　μm

公差项目	内螺纹顶径（小径）公差 T_{D_1}				外螺纹顶径（大径）公差 T_d		
	公差等级						
螺距/mm	5	6	7	8	4	6	8
0.75	150	190	236	—	90	140	—
0.8	160	200	250	315	95	150	236
1	190	236	300	375	112	180	280
1.25	212	265	335	425	132	212	335
1.5	236	300	375	475	150	236	375
1.75	265	335	425	530	170	265	425
2	300	375	475	600	180	280	450
2.5	355	450	560	710	212	335	530
3	400	500	630	800	236	375	600

2. 螺纹精度和旋合长度

螺纹精度由螺纹公差带和旋合长度构成，如图 6-36 所示。螺纹旋合长度越长，螺距累积误差越大，对螺纹旋合性的影响越大。螺纹的旋合长度分短旋合长度（以 S 表示）、中等旋合长度（以 N 表示）、长旋合长度（以 L 表示）三种，一般优先选用中等旋合长度。中等旋合长度是螺纹公称直径的 0.5～1.5 倍。公差等级相同的螺纹，若旋合长度不同，则可分属不同的精度等级。

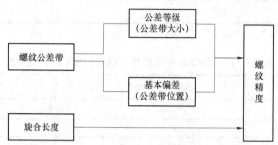

图 6-36　螺纹公差、旋合长度与螺纹精度的关系

国家标准将螺纹精度分为精密、中等和粗糙三个级别。精密级用于精密螺纹和要求配合性质稳定、配合间隙较小的连接；中等级用于中等精度和一般用途的螺纹连接；粗糙级用于精度要求不高或难以制造的螺纹。

3. 普通螺纹的选用公差带和配合选用

1）螺纹公差带的选用

螺纹的公差等级和基本偏差相组合可以生成许多公差带，考虑到定制刀具和定制量具规格增多会造成经济和管理上的困难，同时有些公差带在实际使用中效果不好，国家标准对内、外螺纹公差带进行了筛选，选用公差带时可参考表 6-20。除非特别需要，一般不选用表外的公差带。

表 6-20　普通螺纹的选用公差带（摘自 GB/T 197—2003）

精度等级	内螺纹公差带			外螺纹公差带		
	S	N	L	S	N	L
精密级	4H	5H	6H	(3h4h)	4h	(5h 4h)
					(4g)	(5g4g)
中等级	*5H				*6e	(7h6h)
		*6H	*7H	(5h6h)	*6f	
	(5G)	(6G)	(7G)		*6g	(7g6g)
					*6h	(7e6e)
粗糙级	—	7H	8H	—	8g	(9g8g)
		(7G)	(8G)		(8e)	(9e8e)

注：带*的公差带应优先选用，不带*的公差带其次选用，加括号的公差带尽量不选用。

螺纹公差带代号由公差等级和基本偏差代号组成，它的写法是公差等级在前、基本偏差代号在后。外螺纹基本偏差代号为小写，内螺纹基本偏差代号为大写。

表 6-20 中有些螺纹公差带是由两个公差带代号组成的，其中前面一个公差带代号为中

径公差带，后面一个为顶径公差带。当顶径和中径公差带相同时，合写为一个公差带代号。

2）配合的选用

内、外螺纹的选用公差带可以任意组合成各种配合。国家标准要求完工后的螺纹配合最好是 H/g、H/h 或 G/h 的配合。为了保证螺纹旋合后有良好的同轴度和足够的连接强度，可选用 H/h 配合。对于要拆装的形式，一般选用 H/g 配合。对于需要涂镀保护层的螺纹，根据涂镀层的厚度选用配合：镀层厚度为 5 μm 左右，选用 6H/6g；镀层厚度为 10 μm 左右，选用 6H/6f；若内、外螺纹均涂镀，可选用 6G/6e。

4. 普通螺纹的标记

1）单个螺纹的标记

螺纹的完整标记由螺纹代号、公称直径、螺距、旋向、螺纹公差带代号和旋合长度代号（或数值）组成。当螺纹是粗牙螺纹时，粗牙螺距省略标注。当螺纹为右旋螺纹时，不标注旋向；当螺纹为左旋螺纹时，在相应位置注写"LH"字样。当螺纹中径、顶径公差带相同时，合写为一个。当螺纹旋合长度为中等旋合长度时，省略标注旋合长度。

2）螺纹配合在图样上的标注

标注螺纹配合时，内、外螺纹的公差带代号用斜线分开，左边为内螺纹公差带代号，右边为外螺纹公差带代号。例如：M20×2-6H/6g、M20×2-6H/5g6g-LH。

5. 普通螺纹的表面粗糙度

螺纹牙型表面粗糙度主要根据中径公差等级来确定。表 6-21 列出了螺纹牙侧表面粗糙度参数 Ra 的推荐值。

表 6-21　螺纹牙侧表面粗糙度参数 Ra 的推荐值　　　　　　　　　　　μm

工件	螺纹中径公差等级		
	4～5	6～7	7～9
	不大于		
螺栓、螺钉、螺母	1.6	3.2	3.2～66.3
轴及套上的螺纹	0.8～1.6	1.6	3.2

五、普通螺纹的测量

测量螺纹的方法有两类：单项测量和综合检验。单项测量是指用指示量仪测量螺纹的实际值，每次只测量螺纹的一项几何参数，并以所得的实际值来判断螺纹的合格性。单项测量有牙型量头法、量针法和影像法等。综合检验是指一次同时检验螺纹的几个参数，以几个参数的综合误差来判断螺纹的合格性。生产上广泛应用螺纹极限量规综合检验螺纹的合格性。

单项测量精度高，主要用于精密螺纹、螺纹刀具及螺纹量规的测量或在生产中分析形成各参数误差的原因时使用。综合检验生产力高，适用于成批生产中精度要求不高的螺纹件。

1）普通螺纹的综合检验

对螺纹进行综合检验时，使用的是螺纹量规和光滑极限量规，它们都是由通规（通端）和止

环规

卡规

塞规

规（止端）组成的。光滑极限量规用于检验内、外螺纹顶径尺寸的合格性；螺纹量规的通规用于检验内、外螺纹的作用中径及底径的合格性，螺纹量规的止规用于检验内、外螺纹单一中径的合格性。检验内螺纹用的螺纹量规称为螺纹塞规；检验外螺纹用的量规称为螺纹环规。

　　螺纹量规按极限尺寸判断原则设计。它的通规体现的是最大实体牙型尺寸具有完整的牙型，并且其长度等于被检螺纹的旋合长度。若被检螺纹的作用中径未超过螺纹的最大实体牙型中径，且被检螺纹的底径也合格，那么螺纹通规就会在旋合长度内与被检螺纹顺利旋合。

　　螺纹量规的止规用于检验被检螺纹的单一中径。为了避免牙型半角误差和螺距累积误差对检验结果的影响，止规的牙型常做成截短形牙型，以使止端只在单一中径处与被检螺纹的牙侧接触，并且止端的牙扣只做出几牙。

　　图 6-37 所示为检验外螺纹的示例。用卡规先检验外螺纹顶径的合格性，再用螺纹环规的通端检验，若外螺纹的作用中径合格，且底径（外螺纹小径）没有大于其最大极限尺寸，通端应能在旋合长度内与被检螺纹旋合。若被检螺纹的单一中径合格，则螺纹环规的止端不应通过被检螺纹，但允许旋进 2～3 牙。

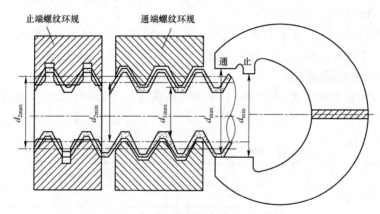

图 6-37　外螺纹的综合检验

　　图 6-38 所示为检验内螺纹的示例。用光滑极限量规（塞规）检验内螺纹顶径的合格性，再用螺纹塞规的通端检验内螺纹的作用中径和底径，若作用中径合格且内螺纹的底径（内螺纹大径）不小于其最小极限尺寸，通规应能在旋合长度内与内螺纹旋合。若内螺纹的单一中径合格，则螺纹塞规的止端就不能通过，但允许旋进 2～3 牙。

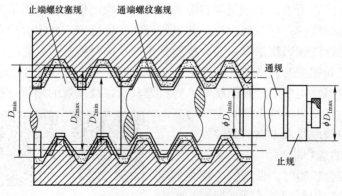

图 6-38　内螺纹的综合检验

2）普通螺纹的单项测量

（1）用螺纹千分尺测量。

螺纹千分尺是测量低精度外螺纹中径的常用量具。它的结构与一般外径千分尺相似，所不同的是测量头，它有成对配套的、适用于不同牙型和不同螺距的测头，如图 6-39 所示。

（2）用三针量法测量。

三针量法具有精度高、测量简便的特点，可用来测量精密螺纹和螺纹量规。三针量法是一种间接量法，如图 6-40 所示，即将三根直径相等的量针分别放在螺纹两边的牙槽中，用接触式量仪测出针距尺寸 M。

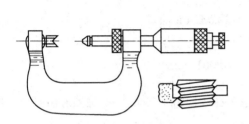

图 6-39　螺纹千分尺

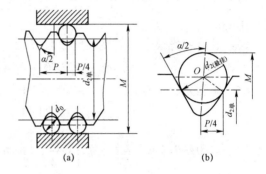

(a)　　　　　　　(b)

图 6-40　三针量法测量螺纹中径

当螺纹升角不大时（≤3°），根据已知螺距 P、亚型半角 $\dfrac{\alpha}{2}$ 及量针直径 d_0，可用下面的公式计算螺纹的单一中径 $d_{2单一}$，即

$$d_{2单一} = M - d_0\left(1 + \frac{1}{\sin\dfrac{\alpha}{2}}\right) + \frac{P}{2}\cot\frac{\alpha}{2}$$

普通螺纹 $\alpha = 60°$，最佳量针直径 $d_0 = \dfrac{P}{2\cos\dfrac{\alpha}{2}}$，故有

$$d_{2单一} = M - 3d_0 + 0.866P$$

另外，在计算室里常在显微镜上采用影像法测量精密螺纹的各项几何参数，可供生产上作为工艺分析用。

任务实施

▷ 任务回顾

一螺纹代号为 M24×2-6h，测得其单一中径 $d_{2单一} = 25.5\ \text{mm}$，螺距误差 $\Delta P = +35\ \mu\text{m}$，牙型半角误差 $\Delta\alpha/2(左) = -30'$，$\Delta\alpha/2(右) = +65'$，试解释螺纹代号的含义，判断其合格性，并简述用三针量法测量螺纹中径的步骤。

▷ 任务实施

1. 螺纹代号含义

螺纹标记 M24×2-6h 的含义如下：

M——普通螺纹；

24——公称直径；

2——细牙螺距；

6h——螺纹中径和顶径公差带代号，小写表示外螺纹。

2. 合格性判断

通过知识准备，计算普通螺纹的公差与配合，由图 6-26 判定其中径的合格性。

（1）查表 6-16 和表 6-18 得到中径上偏差 es=0，中径公差为 170 μm。

（2）由公式 $D_2(d_2) = D(d) - 2 \times \dfrac{3}{8} H = D(d) - 0.649\,5P$ 计算中径的公称尺寸为 $d_2 = 22.701$ mm。

（3）计算外螺纹中径的极限尺寸为

$$d_{2\max} = 22.701 \text{ mm}, \quad d_{2\min} = 22.531 \text{ mm}$$

（4）螺距累积误差和牙型半角误差的中径当量及作用中径为

$$f_p = 1.732 \left| \Delta P_\Sigma \right| = 1.732 \times 35 = 0.061 \text{（mm）}$$

$$f_{\frac{\alpha}{2}} = 0.073P \left(k_1 \left| \Delta \left(\frac{\alpha}{2} \right)_{左} \right| + k_2 \left| \Delta \left(\frac{\alpha}{2} \right)_{右} \right| \right) = 0.073 \times 2 \times (3 \times |-30| + 2 \times 65) = 0.032 \text{（mm）}$$

$$d_{2作用} = d_{2单一} + \left(f_p + f_{\frac{\alpha}{2}} \right) = 25.5 + 0.061 + 0.032 = 25.593 \text{（mm）}$$

（3）判断合格性。

根据外螺纹合格公式 $d_{2作用} \leqslant d_{2\max}$，$d_{2a} \geqslant d_{2\min}$，将数据代入计算可知螺纹不合格。

3. 螺纹检测步骤

三针法测量螺纹中径步骤如下：

（1）根据被测螺纹中径正确选择量针。

（2）校对外径千分尺的零位。

（3）把三针量针分别放入被测螺纹直径两边的沟槽中，在圆周均布的三个轴向截面内互相垂直的两个方向测量针距尺寸 M，读出尺寸 M 的数值，取平均值作为最后的结果。

（4）按公式计算螺纹的单一中径。

（5）查表求螺纹中径的极限偏差和极限尺寸。

（6）判断螺纹的合格性。

⚙ 学习检测 ⚙

➤ 思考题

1. 影响螺纹互换性的主要因素有哪些？

2. 为什么称中径公差为综合公差？

3. 为了保证滚动轴承的工作性能，轴承必须满足哪两项精度要求？

4. 滚动轴承的公差带有什么特点？

5. 内、外螺纹中径是否合格的判断原则是什么？

6. 滚动轴承内圈与轴、外圈与外壳孔的配合分别采用何种基准制？有什么特点？

7. 平键连接的主要几何参数有哪些？

8. 矩形花键的主要几何参数有哪些？

》 **填空题**

1. 滚动轴承由＿＿＿＿＿、＿＿＿＿＿、＿＿＿＿＿和＿＿＿＿＿组成。

2. 滚动轴承的精度有＿＿＿＿＿、＿＿＿＿＿、＿＿＿＿＿、＿＿＿＿＿等级。

3. 按 GB/T 307.3—2005 规定，向心轴承的公差等级分为＿＿＿＿＿级，其中＿＿＿＿＿级广泛应用于一般精度机构中。

4. 滚动轴承内圈与轴颈的配合采用＿＿＿＿＿；外圈与外壳孔的配合采用＿＿＿＿＿。

5. 滚动轴承内圈与轴颈配合采用基＿＿＿＿＿制配合，其内圈的基本偏差为＿＿＿＿＿偏差；外圈与壳体孔配合采用基＿＿＿＿＿制配合，外圈的基本偏差为＿＿＿＿＿偏差。

6. 单键分为＿＿＿＿＿、＿＿＿＿＿和＿＿＿＿＿三种，其中以＿＿＿＿＿应用最广。

7. 花键按键廓形状的不同可以分为＿＿＿＿＿、＿＿＿＿＿和＿＿＿＿＿。其中，应用最广的是＿＿＿＿＿。

8. 花键连接和单键连接相比，其主要优点是＿＿＿＿＿。

9. 对于键连接，键、键槽的形位公差中，＿＿＿＿＿采用最大实体要求。

10. 花键连接采用＿＿＿＿＿制。

11. 螺纹螺距 P 与导程 L 的关系是导程等于＿＿＿＿＿和＿＿＿＿＿的乘积。

12. 普通螺纹的理论牙型角等于＿＿＿＿＿。

13. 影响螺纹互换性的五个基本要素是螺纹的大径、中径、小径、＿＿＿＿＿和＿＿＿＿＿。

14. 保证螺纹接合的互换性，即保证接合的＿＿＿＿＿和＿＿＿＿＿。

15. 螺纹按期用途不同可以分为＿＿＿＿＿螺纹、＿＿＿＿＿螺纹和＿＿＿＿＿螺纹。

16. 螺纹的完整标记由螺纹代号、＿＿＿＿＿代号、＿＿＿＿＿代号等组成。

17. 内螺纹的公称尺寸为 20 mm，螺距为 2.5 mm，粗牙螺纹，中径和顶径的公差带代号为 6H，旋合长度为中等，右旋，其螺纹标记为＿＿＿＿＿。

18. 对螺纹进行综合检验时使用的是＿＿＿＿＿量规和＿＿＿＿＿量规。

》 **综合题**

1. 某减速器传递一般扭矩，其中某一齿轮与轴之间通过平键连接来传递扭矩。已知键宽 $b=8$ mm，试确定键宽 b 的配合代号，查出其极限偏差，并作出公差带图。

2. 有一圆柱齿轮减速器，小齿轮轴要求较高的旋转精度，装有 0 级单列深沟球轴承，轴承尺寸为 50 mm×110 mm×27 mm，额定动负荷 $C_r=32\,000$ N，轴承承受的当量径向负荷 $F_r=4\,000$ N。试用类比法确定轴颈和外壳孔的公差带代号，画出公差带图，并确定孔、轴的几何公差值和表面粗糙度参数值，将它们分别标注在装配图和零件图上。

3. 有一内螺纹 M20—7H，测得其实际中径 $d_{2a}=18.61$ mm，螺距累积误差 $\Delta P_\Sigma=40\,\mu m$，实际牙型半角 $\left(\dfrac{\alpha}{2}\right)_{左}=30°30'$，$\left(\dfrac{\alpha}{2}\right)_{右}=29°10'$，此内螺纹的中径是否合格？

参 考 文 献

[1] 王晓晶，吴贵军. 公差配合与技术测量 [M]. 广州：华南理工大学出版社，2016.

[2] 黄玉凤，杜向阳. 互换性与测量技术 [M]. 北京：清华大学出版社，2008.

[3] 廖念钊. 互换性与测量技术基础 [M]. 5 版. 北京：北京质检出版社，2013.

[4] 刘秉毅. 机械加工与互换性基础 [M]. 北京：化学工业出版社，2012.

[5] 王国顺. 互换性与测量技术基础 [M]. 武汉：武汉大学出版社，2011.

[6] 王益祥，陈安明. 互换性与测量技术 [M]. 北京：清华大学出版社，2012.

[7] 毛平淮. 互换性与测量技术基础 [M]. 2 版. 北京：机械工业出版社，2010.

[8] 楼应侯，孙树礼. 互换性与测量技术 [M]. 2 版. 武汉：华中科技大学出版社，2012.

[9] 黄镇昌. 互换性与测量技术基础 [M]. 广州：华南理工大学出版社，2009.

[10] 范真. 互换性与测量技术基础 [M]. 北京：高等教育出版社，2012.